Yahoo!ショッピング完全攻略ガイド

佐藤英介
SATO Eisuke

JN000657

すぐに試せて伸び続ける
ネットショップ運営術

技術評論社

はじめに

　Yahoo!ショッピングに出店したのに売上が伸びない、と悩んでいませんか？

　Yahoo!ショッピングの売上高は、手数料無料化が発表された2013年の2509億円から、2021年には1兆円を超えるまでになりましたが、売れてない店舗も多数あります。

　「楽天市場で売れていたのでネットショップの運営には自信があったのに、同じようにやってもYahoo!ショッピングでは売れない」

　「Amazonで競合が増えてきたからYahoo!ショッピングに出店したけどAmazon以上に競合が多くて困っている」

　「ネットショップをはじめてみようと思って出店したけど、そもそもアクセスがほとんどないしどうやってアクセスを伸ばしたらいいかわからない」

　そんな悩みを相談されることがよくあります。

　Yahoo!ショッピングでは多くのライバルがひしめいています。Yahoo!ショッピングの店舗数は100万店舗以上、そのうち実際に運営されている店舗は約8万店舗（弊社推定）です。この店舗数は、売上高で3倍以上の差がある楽天市場の店舗数よりも多いため、他の店舗と同じように運営していても売上を上げるのは至難の業です。

　Yahoo!ショッピングで売上を上げるには、Yahoo!ショッピングを攻略するテクニックを実践することが重要ですが、テクニックをしっかり理解して実践しているショップは少ない状況です。Yahoo!ショッピングを攻略するテクニックは、一般的なネットショップのノウハウとは異なるので、知っているかどうかで大きく状況が変わってしまうのです。

　特に2022年10月のYahoo!ショッピングとPayPayモールの統合後は、

3

優良配送に対応することが重要になるなど、テクニックを理解して実践することの重要性がさらに高まりました。

　私は日本でも数少ないYahoo!ショッピング専門のコンサルタントとして、毎日Yahoo!ショッピングの売上を上げるにはどうすればいいか、研究し続けています。研究したYahoo!ショッピング対策の内容を、各地で講演させていただいていますが、「セミナー内容が具体的でわかりやすかった」といった評価をいただいています。この本ではセミナーでいただいた感想をもとに、多くの店舗で実践できる、Yahoo!ショッピングで売上を上げる方法を記載しています。

　Yahoo!ショッピングの攻略テクニックは、売上の少ない店舗でも多い店舗でもそれほど変わりませんので、テクニックを理解し、順番に対策していけば、売上を伸ばすことは可能です。

　さらに長期的に売れ続ける店舗になるためには、テクニックだけではなく店舗の状況に合わせた対策や定期的な情報収集も必要になってきます。最後の章では、店舗の状況に合わせたノウハウの見つけ方と、手間をかけずに情報収集する方法も記載しています。

　この本は、すでにYahoo!ショッピングに出店している店舗を対象にしているので、出店のしかたなどは記載していません。出店のしかたについては、Yahoo!ショッピングのマニュアルをご覧ください。

▶ **Yahoo!ショッピング出店申し込み**
https://business-ec.yahoo.co.jp/shopping/

　この本を読んで、皆様のYahoo!ショッピング店の売上が伸び、会社の成長にもつながるよう願っています。

目次

第 4 章

店舗トップページと
デザインを編集する　　83

第 5 章

店舗全体の SEO 対策

107

第8章

長期的に発展できる
運営体制を作る

241

第 1 章

Yahoo! ショッピングで
売上を上げるには？

Yahoo!ショッピング攻略の ロードマップ

　Yahoo!ショッピングで売上を上げるには、どういう手順で対策をしていくか、具体的な流れをロードマップとしてまとめました。各手順の詳細については、それぞれ章を設けて解説していくので、まず全体の流れをイメージしてください。

≫ Yahoo!ショッピングの売上は検索経由が圧倒的なので、 検索対策が重要

　Yahoo!ショッピングの特徴として、売上の多くがYahoo!ショッピングの検索経由である、ということが挙げられます。Yahoo!ショッピングの検索窓に入力するお客様が5割ちょっと、Yahoo!ショッピングのカテゴリからしぼり込んで検索するお客様が2割ちょっと、合わせて約8割のお客様が検索経由です。

　楽天市場の場合は、広告や店舗が送るメールマガジンなど、さまざまな経路で売上が発生しますし、自社サイトの場合は、Instagramなど SNS 経由での売上が多い店舗もあるなど、売上の経路が分散しやすくなります。これに対して、Yahoo!ショッピングの場合は売上の約8割が検索経由なので、**検索対策**をおこなうことが売上アップには不可欠です。

Yahoo!ショッピングの売上経路

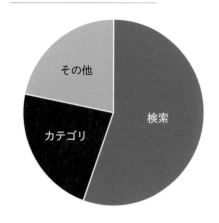

その他

検索

カテゴリ

検索窓

カテゴリから探す

カテゴリから探す	本日最終日	
腕時計、アクセサリー	**腕時計、アクセサリー ›**	
インテリア、日用品、文具	メンズ腕時計　　　　レディースアクセサリー　　　レディース腕時計	
コスメ、ヘルスケア	メンズアクセサリー　　腕時計用品　　　　　　　　ペアアクセサリー	
ベビー、キッズ	懐中時計　　　　　　　宝石ルース、裸石　　　　　スマートウォッチ	
食品、ドリンク、お酒	ブライダルアクセサリー　アクセサリーリフォーム　　レンタルアクセサリー全般	
レディースファッション		
メンズファッション		
家電、スマホ、カメラ		

≫ 検索対策はキーワード調査から

　Yahoo! ショッピングで検索されるキーワードは、文章で検索するなど、変わったキーワードで検索するお客様が多い傾向があります。そのため、どのようなキーワードで検索されているか、しっかり**キーワード調査**をしてから検索対策の作業に入ります。

　以下は「水着」と検索した場合に楽天、Amazon、Yahoo! ショッピングで表示されるキーワードの例ですが、Yahoo! ショッピングでは「40代」や「20代」と出るなど、楽天やAmazonと異なることがわかると思います。

楽天で表示されるキーワードの例

水着	すべてのジャンル ▼
水着　全てのジャンル	
水着　レディース 水着	
水着　キッズ 水着	
水着　キッズ・ベビー・マタニティ用品	
水着 レディース	
水着 体型カバー	
水着 メンズ	
水着 ワンピース	
水着 レディース 体型カバー	
水着 タンキニ	
水着 フィットネス	
水着 可愛い レディース	
水着 レディース 体型カバー cotaron	

Amazonで表示されるキーワードの例

Yahoo! ショッピングで表示されるキーワードの例

　キーワード調査をしっかりおこなうことで、売上が大きく上がった店舗は多くありますが、キーワード調査をしないで検索対策をしても、売上は上がりません。キーワード調査で、ライバル店舗が少ないけれど、検索回数が多いキーワードを見つけ出すことが重要です。作業時間の半分ぐらいをキーワード調査に使うイメージで対策をしましょう。

　キーワード調査の流れは、たとえば「ショルダーバッグ」という商品の場合は、「ビジネスバッグ」など、もとの単語の別の用途などをリストアップしたあと、リストアップしたキーワードでどのような候補ワードがあるか、調査していきます。

≫ 調査したキーワードに合わせて商品ページの検索対策をおこない、見た目も整える

キーワード調査が終わったら、次は調査したキーワードで検索順位が上がるように、商品の検索対策をおこなっていきます。Yahoo! ショッピングの検索対策では、どのように商品を修正したら評価されるかはっきりしていますし、具体的な手順を記載しましたので、商品の各項目を修正していきます。

Yahoo! ショッピングの商品ページは、スマホだと表示される説明文が限定されるなど、制約があります。そのため検索対策に合わせて、商品ページを見てくれたお客様に商品の魅力が伝わるように、見た目も修正していきましょう。

≫ 優良配送やPRオプションなど、商品以外の検索対策もおこなう

Yahoo! ショッピングの検索では、優良配送（お届けの速さ）や、店舗の評価など商品以外の要素も影響しています。特に重点的に対策する必要があるのは、以下の3点です。

◎ 1. 優良配送への対応

2021年から、**優良配送**というお届けを早くできる設定にすると、検索で優遇されるようになっていました。そして2022年8月から、優良配送の優遇がさらに強まり、優良配送に対応していないと検索で上位を取りにくくなっています。優良配送への対応は、Yahoo! ショッピングで売上を伸ばすには必須といえるほど重要なので、しっかり対応しましょう。

◎ 2. PRオプションの活用

広告費を払うと検索で優遇される**PRオプション**の活用は、Yahoo! ショッピングの検索対策では避けて通れない部分です。ライバルの状況を見ながら、

PRオプションも使ってみましょう。

◐3. プロモーションパッケージに申し込む

　2022年10月のYahoo!ショッピングのリニューアルで新しくできた、**プロモーションパッケージ**というプランに申し込むと、検索で優遇されるなどの特典があります。Yahoo!ショッピングで売上が多い店舗の多くはプロモーションパッケージに申し込んでいるので、申し込まないと検索で不利になってしまいます。

　上記3点の商品以外の検索対策もおこなったうえで、対策しているキーワードの順位がどうなったか、定期的に順位チェックをおこないます。順位が上がっていれば対策を継続し、上がっていない場合は、またキーワード調査からやり直します。

≫ アイテムマッチ（キーワード広告）の活用

　Yahoo!ショッピングの売上は検索経由が8割なので、検索結果に表示できるキーワード広告、**アイテムマッチ**はとても効果的です。売上を伸ばしている店舗で、アイテムマッチを使っていない店舗はいないぐらいです。アイテムマッチ広告を使うことで、売上アップのスピードが格段に早まります。

≫ イベントを対策して、売れるタイミングを活用

　Yahoo!ショッピングでは、**超PayPay祭**などのイベントで大きく売上が伸びます。こうした大きく売上が伸びるタイミングに、さらに売上を伸ばせるように対策をおこなっていきましょう。どのような対策をしたらイベントで売上が大きく伸びるか、手順を確認してください。

>> 長期的に発展できる運営体制をつくる

　売上が上がってきたら、長期的に発展し続けられるように、運営体制を整えていきましょう。自店舗の状況を確認しながら改善していくことや、利益が残る販促費の管理を実施し、支援業者を活用するなど運営の効率化などをおこなって、長期的に発展できる体制を作っていきます。

 タイプ別、重点的に対策すべきポイント

1

　Yahoo!ショッピングで売上を上げるための基本的なロードマップは先ほど記載しましたが、店舗のタイプによって、重点的に対策するポイントは異なります。

>> 楽天で売れていて、Yahoo!ショッピングにも出店した

　楽天で売れている店舗の場合は、商品ページのデザインなど基本的なことはできているはずです。楽天と大きく異なるのは、Yahoo!ショッピングの独特なキーワードです。まずはアクセス数を増やすためにキーワードの調査を重点的におこない、検索対策をおこなっていきましょう。

>> Amazonで売れていて、Yahoo!ショッピングにも出店した

　Amazonの商品ページでは、商品説明は文字のみで画像を入れられないなど、制約が大きくなっています。一方、Yahoo!ショッピングは商品説明に画像が入っていないと、なかなか買っていただけません。そのため、商品ページをYahoo!ショッピング向けに作り込むことが最優先です。作り込みながら、同時にアクセス数アップのためにキーワード調査とSEOをおこなってください。

>> 自社サイトで売れていて、Yahoo!ショッピングにも出店した

　自社サイトとYahoo!ショッピングのようなモールでは、集客の方法が大きく異なります。自社サイトでうまくいった方法についてはいったん忘れて、Yahoo!ショッピング特有の集客であるキーワード調査を重点的におこなってください。Googleなど一般的な検索エンジンのキーワードの考え方と大きく異なることがわかると思います。

　次に、自社サイトでは商品ページ自体の情報量はそれほど多くないことがしばしばあります。ライバル店舗の商品ページをチェックしたうえで、商品ページの修正もおこなってみましょう。お客様の行動も自社サイトとは異なるので、ライバル店舗がどのような構成になっているかチェックして、自店舗でも活用してみるのがおすすめです。

>> はじめてのネットショップで、Yahoo!ショッピングに出店した

　はじめてのネットショップでは、どのような手順で進めていったらいいか不安だと思います。まずは商品を1つ選んで、ロードマップの手順で強化してみましょう。いろいろな商品に手をつけてしまいエネルギーが分散するよりも、集中して対策することで、Yahoo!ショッピングで売上を上げる流れもわかってきます。選んだ商品が少しずつ売れはじめたら、順番にほかの商品も対策していきましょう。

>> 以前からYahoo!ショッピングに出店しているが、
　　2022年から急に売上が落ちた

　ライバル店舗の動向などいろいろな要因が考えられますが、2022年から急に売上が落ちた場合、ありがちなケースは優良配送に対応していないことです。2021年12月以降のYahoo!ショッピングでは、優良配送に対応していないとアクセス数も伸びず、売上も減る傾向にあります。2022年8月31日からは優良配送の優遇がさらに強まっているので、優良配送への対応

は必須です。

　優良配送への対応方法は5章に記載したので、まず優良配送に対応して から、キーワード調査などロードマップの流れに沿って対応していきます。

>> **以前から Yahoo! ショッピングに出店しているが、**
　 売上が伸び悩んでいる

　以前から Yahoo! ショッピングに出店しているが、売上が伸び悩んでい る場合、アクセス数が伸び悩んでいることが原因だと思います。

　Yahoo! ショッピングでは売上の8割が検索経由なので、キーワード調査 と検索対策をおこないながら、アイテムマッチ（キーワード広告）を活用 することを検討してみましょう。弊社でも、伸び悩んでいる店舗様でアイ テムマッチをはじめた結果、売上を伸ばしながら利益も伸ばせるようになっ た事例がいくつもあります。ただし、アイテムマッチをはじめるだけでは 効果が薄くなります。必ず、キーワード調査および検索対策とセットでお こなうようにしましょう。

第 2 章

Yahoo!ショッピング対策は キーワード調査からはじめる

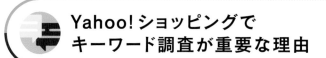

Yahoo! ショッピングで
キーワード調査が重要な理由

≫ キーワード調査をしないと、検索対策の効果が出ない

　Yahoo! ショッピングの売上は検索経由が約8割なので、**検索対策**をしないと、アクセスも売上も増やすことができません。

　検索対策が必要と聞くと、すぐに商品の編集画面を開いて、自分が思いついたキーワードを入れるなどの検索対策をしたくなりますが、Yahoo! ショッピングでは最初に**キーワード調査**をおこないましょう。Yahoo! ショッピングはGoogleなど一般的な検索エンジンや、楽天やAmazonなどの他モールとは、検索されるキーワードの傾向が異なっています。キーワード調査をしないで検索対策をしても、Yahoo! ショッピングでアクセス数の多いキーワードが対策されないままになってしまい、アクセス数も増えないし、売上も増えない、といったことになりがちです。

　Yahoo! ショッピングでの変わったキーワードや検索されやすいキーワードを知ったうえで、自分の商材ならどんなキーワードで検索されるか調査をおこなってから、商品の検索対策をおこなうとすばやく売上がアップできます。

≫ キーワード調査だけで売上が大きく伸ばせた事例

　キーワード調査がどれぐらい重要なのか、わかりやすい事例として、キーワード調査をしっかりおこなったことで売上が3ヵ月で2倍になった、ダンボールを売っている「愛パック」様の事例を紹介します。

　愛パック様では梱包用のダンボールが主力商材なので、「ダンボール60サイズ」などの一般的なキーワードの対策をおこなっていました。しかし、こうしたキーワードではダンボールを売っている大手の店舗が上位を取っ

ているので、対策をしても検索順位が上がらず、アクセス数も売上もなかなか伸びない、という状況になっていました。

　そこで、お客様がどのような商品を買っているかあらためて調査したうえで、Yahoo!ショッピングのキーワード調査を徹底的におこないました。お客様が購入している商品では、メール便用のダンボールがよく売れていたので、メール便関連のキーワードを調査したところ、「ゆうパケット」などのサービス名で検索しているお客様が多い、ということがわかりました。

　そこで「ゆうパケット」でどのようなキーワードがあるか調査していきました。

「ゆうパケット」に紐づいたキーワード

ゆうパケット	こだわり条件 ∨
ゆうパケット すべてのカテゴリ	
ゆうパケット 梱包箱、ダンボール箱	
ゆうパケット ラインストーン、パーツ	
ゆうパケット **箱**	
ゆうパケット **サイズ**	
ゆうパケット **箱 3cm**	
ゆうパケット **サイズ 箱**	
ゆうパケット**プラス**	
ゆうパケット**ポスト**	
ゆうパケット**プラス 箱**	

　「ゆうパケット」のキーワードを調査したところ、検索数は多そうなのに、ライバルがとても少ないキーワードである「ゆうパケット 箱 3cm」が見つかり、検索対策をしっかりおこないました。

「ゆうパケット 箱 3cm」検索結果

ゆうパケット 箱 3cm	こだわり条件 ∨	🔍 検索する

ゆうパケット 箱　ゆうパケット サイズ　ゆうパケット 箱 3cm　ゆうパケット サイズ 箱　ゆうパケットプラス　ゆうパケットプラス
ゆうパケット 箱 a4　ゆうパケット専用箱

ゆうパケット 箱 3cmの検索結果（561件）

　ライバルが少なかったのですぐに検索順位の上位が取れるようになり、その結果アクセス数が大きく伸びて、メール便用の段ボール箱は大きく

売れるようになりました。次に、「ゆうパケット」以外にも「ネコポス 箱3cm」など、ほかのメール便関連のキーワードも強化していき、売上は3ヵ月で2倍になりました。

　キーワード調査を最初におこなうことの重要性が、この事例でもわかると思います。

Yahoo! ショッピング特有の キーワードを知る

　キーワード調査をするときに知っておくべきことは、Yahoo! ショッピングではGoogleや楽天などとはキーワードの傾向が異なるということです。よく出てくる変わったキーワードを、種類ごとにまとめてみました。こうしたキーワードは対策している店舗が少ないので、対策をするとアクセス数を伸ばしやすくなっています。キーワード調査の時は、こうした変わったキーワードがないか、特に注意してみましょう。

≫ 1. 文章での検索が多い

　Yahoo! ショッピング検索で最も変わっているキーワードは、文章での検索です。右の図はYahoo! ショッピングで「土鍋」と入力した例ですが、「土鍋でご飯を炊く」という文章が「土鍋炊飯器」など、一般的に思いつくキーワードよりも上に出ています。

「土鍋」に紐づいたキーワード

土鍋
土鍋 土瓶
土鍋でご飯を炊く
土鍋 ih
土鍋 一人用
土鍋炊飯器
土鍋 ih対応
土鍋ご飯
土鍋 おしゃれ
土鍋 ご飯用
土鍋 9号

　右の図は「水着の」と入力してみた例ですが、「水着の上に着る」や「水着の下に履く」など、文章で検索しているキーワードが多く出てきています。

「水着の」に紐づいたキーワード

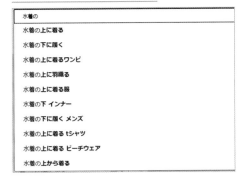

　こうしたキーワードが出る要因は、Yahoo!ショッピングを利用するお客様の行動パターンに特徴があるからです。先ほどの「水着の上に着る」という例では、お客様が「水着の上に着る服」である「ラッシュガード」という商品の名前がわからなかったか、忘れてしまったのでしょう。ネットに慣れている人なら、名前がわからない場合は「水着 上 着る 名前」などとGoogleで検索しますし、検索すればラッシュガードという名前だということがすぐにわかります。Googleで「水着」と入れた候補ワードを見ても、「水着 上着 名前」など、そのような検索をしている人が多いようです。

「水着 上 着る 名前」Google検索結果　　　　　「水着」Google検索

　一方、Yahoo!ショッピングを利用するお客様は、普段の検索でもYahoo! JAPAN検索を利用することが多くありますが、Yahoo! JAPANでは「水着」

と入れると「水着の上に着る」という候補ワードが出てきます。「水着の上に着る」という候補ワードをクリックすると、Yahoo!ショッピングの商品が表示されるので、お客様はこうしてYahoo!ショッピングに来ていると思われます。

「水着」Yahoo! JAPAN検索

「水着の上に着る」Yahoo! JAPAN検索結果

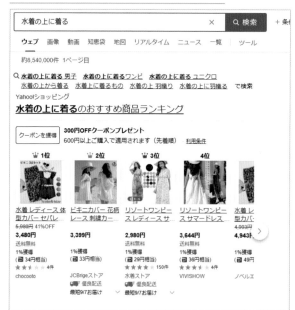

この検索のしかたで重要なことは、「ラッシュガード」という名前を覚えなかったことと、「水着の上に着る」と文章で検索したら商品が出てくると覚えてしまったことです。そのため、Yahoo!ショッピングでは文章での検索など、特殊な検索で買い物をするお客様が増えやすくなっています。

▶▶ 2. 年代での検索も多い

2020年頃から、Yahoo!ショッピング検索では、40代、50代、60代などの年代を合わせたキーワードの検索数が多くなっています。以下の図はYahoo!ショッピングで「ワンピース」と入力してみた例ですが、「ワンピース レディース 50代」や「ワンピース レディース 40代」などの年代を合わせた候補ワードが出てきます。これに対して、楽天で「ワンピース」と入力した場合は、Yahoo!ショッピングのような年代が入った候補ワードは出てきません。

「ワンピース」に紐づいたキーワード

ワンピース
ワンピース ワンピース
ワンピース チュニック
ワンピース パーティドレス
ワンピース レディース
ワンピース レディース 50代
ワンピース 夏
ワンピース レディース 40代
ワンピースフィギュア
ワンピース水着
ワンピース 一番くじ

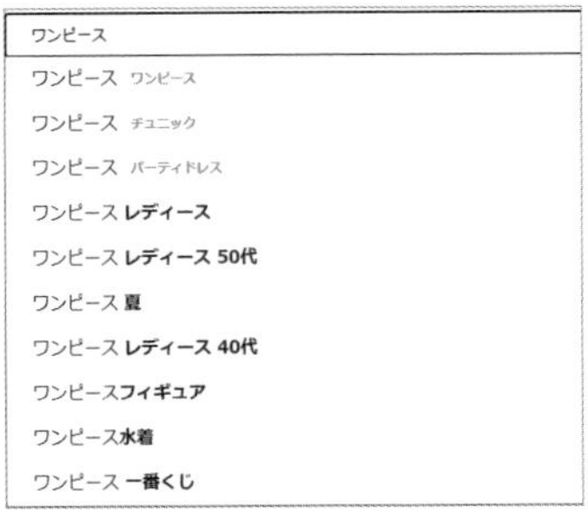

楽天で「ワンピース」に紐づいたキーワード

Rakuten	ワンピース
	ワンピース 全てのジャンル
	ワンピース レディース ワンピース
	ワンピース レディースファッション
すべてのジャンル	ワンピース 夏 レディース
送料	ワンピース 半袖
●すべて	ワンピース 半袖 きれいめ
○送料無料	ワンピース カードゲーム
○送料無料 + 送料	ワンピース レディース
	ワンピース 103
性別	ワンピースカード
レディース	ワンピース ryuryu
メンズ	ワンピース フィギュア

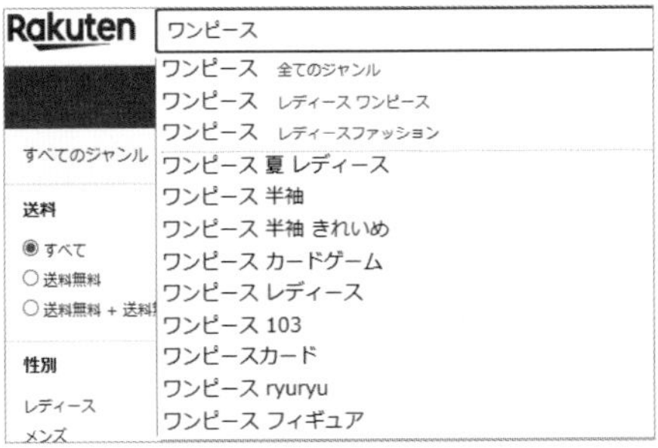

先ほどのワンピースのように、ファッションジャンルでは年代を合わせたキーワードが多く検索されています。年代では40代、50代が多く、10代や20代はあまり検索されません。40代や50代が多いのは、ファッションジャンルの商材では若いお客様向けの商品が出やすいので、40代や50代のお客様が自分の年代に合った商品を探しているからです。

　また父の日や敬老の日でも、年代を合わせた候補ワードが多く出てきます。プレゼントを贈る対象である、お父さんや祖父母の年代に合うプレゼントを探しているからだと思われます。

　ファッションジャンル以外でも、「育毛剤」だと「育毛剤 女性用 60代」と候補ワードに出るなど、女性が年齢を意識する商品だと、年代での検索が増える傾向があります。

「育毛剤」に紐づいたキーワード

育毛剤
育毛剤 メンズ育毛、スカルプケア
育毛剤 レディース育毛、スカルプケア
育毛剤 男性用育毛剤
育毛剤 **女性用**
育毛剤 **女性用 60代**
育毛剤 **男性用**
育毛剤 **ニューモ**
育毛剤 **女性用 50代**
育毛剤 **dinomen**
育毛剤 **女性用 40代**

▶▶ 3. 年号、「おしゃれ」なども検索されやすいキーワード

　ほかにも、楽天などでは検索されていないけれど、Yahoo!ショッピングで検索されやすいキーワードは「2022」などのその年の年号です。特にギフトの場合、年号は超人気キーワードです。「お中元」と入力してみると、最初に出てくる候補ワードは「お中元 2022」ですし、ほかのギフトでも同様に1番目に出てくることがほとんどです。

「お中元」に紐づいたキーワード

お中元
お中元 **2022**
お中元 **ギフト**
お中元 **スイーツ**
お中元 **ビール**
御中元
お中元 **お菓子**
お中元 **アイス**
お中元 **ハム**
お中元 **2022 ビール**
お中元 **ゼリー**

年号はギフトなど、いつ購入するか重要な商品ではよく出ていましたが、2022年になってから、ファッションジャンルなどでも少しずつ出はじめています。右のように「サンダル」と検索した場合も、「トレンド」という言葉と一緒に表示されています。

「サンダル」に紐づいたキーワード

サンダル
サンダル レディースサンダル
サンダル レディースビーチサンダル
サンダル ミュール
サンダル レディース
サンダル メンズ
サンダル 2022 トレンド
サンダル キッズ
サンダル レディース ヒール
サンダル 2022 トレンド メンズ
サンダル レディース 2022

楽天などでもそこそこ検索されますが、Yahoo!ショッピングで人気のキーワードに「おしゃれ」があります。インテリアやファッションジャンルでは検索されやすいキーワードで、「傘立て」と入力した場合も右のように3種類が出てきます。

「傘立て」に紐づいたキーワード

傘立て
傘立て 傘立て
傘立て 業務用傘立て
傘立て 下駄箱、シューズボックス
傘立て おしゃれ
傘立て スリム
傘立て 陶器
傘立て 外置き
傘立て ニトリ
傘立て おしゃれ 屋外
傘立て おしゃれ 北欧

ファッションジャンルでも検索数がとても多いキーワードだったのですが、2022年から「おしゃれ」はやや検索数が減ってきており、代わりに「40代」などの年代が増える傾向があります。ギフトでも、「お中元 おしゃれ」などと検索されることがあります。これは何を贈るか決めていないけれど、変な商品を贈りたくない、というお客様が検索しているようです。

≫ 4. Yahoo!ショッピングでは検索されないキーワード

Yahoo!ショッピングで検索されやすい変わったキーワードを紹介しましたが、逆にYahoo!ショッピングでは検索されにくいキーワードもあります。

楽天では商品の購入を目的に検索しているので、「送料無料」などの送料関連のキーワードは、よく検索されます。弊社では2017年から楽天のキーワードランキングを定期チェックしていますが、「送料無料」は常に10位以内の人気ワードです。

※2022年11月25日で、楽天キーワードランキングの公開は停止された模様です。

実際に、楽天で「お中元」と検索してみると「お中元 送料無料」や「お中元 早割 送料無料」など、送料無料になっているお中元商品を探しているお客様がいっぱいいます。

楽天で「お中元」に紐づいたキーワード

ところが、Yahoo!ショッピングでは「送料無料」はほとんど検索されないキーワードです。Yahoo!ショッピングではお中元に続いて「そ」と入れても、「お中元 送料無料」という候補キーワードは出ません。

「お中元　そ」に紐づいたキーワード

お中元 そ

お中元 そうめん

お中元 惣菜

お中元 素麺

お中元 即日発送

お中元 蕎麦

お中元 そば

お中元 そうめんセット

御中元 そうめん

お中元 そうめん 揖保乃糸

お中元 そうめん 高級

ほかにも楽天で人気のある「ポイント10倍」や「1000円ポッキリ」など、購買意欲の高いお客様が探すキーワードは、Yahoo!ショッピングでは検索されにくいキーワードです。楽天やAmazonで店舗運営していると、送料無料などのキーワードを入れたくなりますが、Yahoo!ショッピングでは検索されにくいキーワードなので、売上にはつながりません。

店舗の実力に合ったキーワードを調査することが重要

キーワード調査では、店舗の実力に合ったキーワードを調査していくことが重要です。いきなり検索回数が多い人気キーワードを狙っても、ライバルが多くて上位を取ることはできません。たとえば「マスク」というキーワードはYahoo!ショッピングでも超人気のキーワードですが、「マスク」で1位を取りたいと思ったら、総合ランキングで1位になるぐらいの売上実績が必要になります。

どのキーワードだったら自店舗の商品でも上位を取れるかは、試してみるしかありません。まずはキーワード調査をおこなって狙いたいキーワードを決めたら、3章の流れで商品の検索対策をおこない順位をチェックしましょう。上位が取れていなかったら、まだそのキーワードで上位を取れる実力がないということなので、ライバルがさらに少ないキーワードを狙っていきます。

そのためにも、キーワード調査をするときは検索回数が多いか、ライバルが多いかチェックしながら調査しましょう。

▶ 検索回数が多いか、ライバルが多いかチェック
キーワード調査で重要なことは、検索回数が多くてライバルが少ないキー

ワードを探すことです。検索回数の多さと、ライバルが多いかについては、以下のようにチェックします。

◉ 検索回数の多さをチェック

検索回数については、以下の順番で多くなります。

1. キーワードを入れただけで出てくる候補ワード。特にキーワードを入れただけで出てくる3単語、4単語の候補ワードは重要。
2. 候補ワードを掘り下げた3単語の候補ワード。
3. キーワードの後ろにあいうえお、と入れて出てきた候補ワード。

キーワードを入れただけで出てくる候補ワードでも、上のほうに出ている候補ワードほど検索回数が多くなっています。右の図では、「水着 レディース」のほうが「水着 メンズ」よりも検索回数が多いということです。

「水着」に紐づいたキーワード

水着
水着　ビキニ
水着　水着セット
水着　ワンピース水着
水着レディース
水着メンズ
水着レディース 40代
水着レディース 50代

◉ ライバルが多いかチェック

検索回数が多いかチェックするのと同時に、ライバルが多いかチェックしましょう。ライバルの数は、検索結果に表示される商品数で確認できます。

たとえば、「土鍋」で出てくる候補ワードは、右のようになっています。

「土鍋」に紐づいたキーワード

土鍋
土鍋　土鍋
土鍋でご飯を炊く
土鍋 ih
土鍋 一人用
土鍋炊飯器
土鍋 ih対応
土鍋ご飯

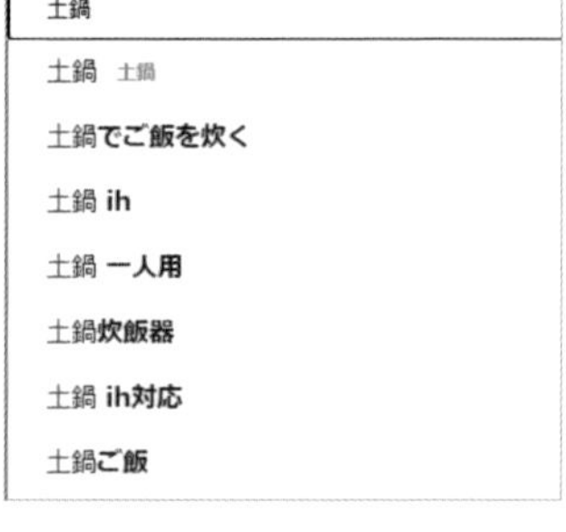

　ここで最初に出ている「土鍋でご飯を炊く」の場合、出てきた商品数は2,594件でした。一方、多くの店舗が対策している「土鍋 炊飯」だと27,006件と、10倍以上の差があります。

「土鍋でご飯を炊く」の検索結果

土鍋でご飯を炊くの検索結果	
絞り込み条件	2,594件

「土鍋　炊飯」の検索結果

土鍋 炊飯の検索結果	
絞り込み条件	27,006件

　こうして比べると、「土鍋でご飯を炊く」は「土鍋 炊飯」よりも検索回数が多いのに、ライバルが少ない狙い目のキーワードだとわかります。このように検索回数が多いけれど、ライバルが少ないキーワードを探すことが、キーワード調査の目的です。

基本的なキーワードの探し方

　ここからは、Yahoo!ショッピングでキーワード調査をどうやったらいいか、具体的な方法を紹介します。

>> Yahoo!ショッピングの検索窓で候補ワードを調べる

Yahoo!ショッピングのキーワード調査をおこなうには、Yahoo!ショッピングの検索窓でチェックします。確認したいキーワードを入力して、候補ワードを見てみましょう。

「ショルダーバッグ」に紐づいたキーワード

ショルダーバッグ
ショルダーバッグ レディースショルダーバッグ
ショルダーバッグ メンズショルダーバッグ
ショルダーバッグ レディーストートバッグ
ショルダーバッグ メンズ
ショルダーバッグ レディース
ショルダーバッグ 革
ショルダーバッグ 大きめ
ショルダーバッグ a4
ショルダーバッグ レディース 軽い 60代
ショルダーバッグ ブランド

検索窓に入力して出てきた候補ワードが、Yahoo!ショッピングで検索数が多いキーワードです。上に出ているほど検索数が多いので、重要なキーワードです。図の例だと、「ショルダーバッグ メンズ」のほうが、「ショルダーバッグ レディース」よりも検索されているということです。

>> いろいろなキーワードを考えて調査しよう

検索窓でキーワードを調査するとき、商品を探すお客様のことを想定して、いろいろなキーワードを考えてみましょう。具体的には、以下の5つの方法で考えていきます。

◎ 1. 用途などを考える

先ほどの「ショルダーバッグ」では、仕事目的で使う場合は「ビジネスバッグ」と記載したりします。使用目的やシチュエーションなど、どのような表現をするか考えて検索窓でチェックしましょう。

◎ 2. 英語やカタカナ、ひらがな、漢字もチェックする

ブランド名などもとのキーワードが英語の場合はカタカナ、漢字のキー

ワードはひらがなもチェックするなど、いろいろな書き方をチェックしましょう。たとえば、お花の「バラ」は、ひらがなの「ばら」や漢字の「薔薇」など、さまざまな書き方があります。

3. 類似語句をチェックする

同じ意味を持つ別の言葉もチェックしてみましょう。たとえば「印鑑」の場合は、「判子」という類似語句で検索するお客様もいます。こうした類似語句を調べるには、類語辞典を使うと便利です。

▶ Weblio 類語辞典

https://thesaurus.weblio.jp/

4. 書きまちがいもチェックする

Yahoo!ショッピングではさまざまなお客様がいるので、まちがった言葉で検索するお客様もいます。たとえば「iPhone」はアルファベットで検索するか、カタカナだと「アイフォン」と書く人がほとんどだと思います。しかし、Yahoo!ショッピングでは「アイホン」とまちがった言葉で検索するお客様がある程度いて、「アイホン」と入力すると、以下のようにさまざまな候補ワードが出てきます。

なお、「アイホン」は、本来はインターフォンのブランド名ですが、Yahoo!ショッピングではスマホのiPhoneのことだと思って検索するお客様も多いので、検索結果もインターフォンとスマホの両方が出てきます。

「アイホン」に紐づいたキーワード

アイホン
アイホン すべてのカテゴリ
アイホン インターホン
アイホン iPhone用ケース
アイホン13ケース
アイホン12ケース
アイホン11ケース
アイホン8 ケース
アイホン13
アイホン12
アイホン充電器

先ほどの「ショルダーバッグ」も「ショルダーバック」と最後を「ク」とまちがえて検索されることがあり、Yahoo！ショッピングでも「ショルダーバック メンズ」という候補ワードが出てきます。

ショルダーバッ「グ」と「ク」

しょるだーば
ショルダーバッグ　レディースショルダーバッグ
ショルダーバッグ　メンズショルダーバッグ
ショルダーバッグ　レディーストートバッグ
ショルダーバッグ
ショルダーバッグ メンズ
ショルダーバッグ レディース
ショルダーバッグ 革
ショルダーバック メンズ
ショルダーバッグ 大きめ
ショルダーバッグ a4

こうしたまちがった言葉は、候補ワードをチェックするほかにも、お客様からの問い合わせでも確認できます。まちがった言葉で問い合わせメールがあったら、念のために検索するお客様がいるキーワードなのか、候補ワードをチェックしてみましょう。

◯ 5. 専門用語ではなく、お客様が実際に使っている言葉をイメージする

商品にくわしいと、どうしても専門用語をイメージしてしまいがちですが、お客様が実際に使っている言葉をイメージするようにしましょう。たとえばメーカーから「ウォッシャブル布団」という名前で提供された商品だと、「ウォッシャブル」ではなく「洗える」としたほうが、お客様が実際に使っている言葉になります。

COLUMN

重要なキーワードは、Yahoo! JAPAN のキーワードも調査

Yahoo!ショッピングでキーワード調査するだけでなく、重要なキーワードについてはYahoo! JAPAN のキーワードも調査してみましょう。Yahoo! ショッピングとは別のキーワードが見つかることがよくあります。以下の例は「バスタオル」とYahoo! JAPAN で検索したときの候補ワードですが、

最初に「バスタオルおすすめ」と出てきました。この候補ワードは、Yahoo! ショッピングでは出てこないキーワードです。

Yahoo! JAPAN で「バスタオル」に紐づいた候補

バスタオル	×	🔍 検索
バスタオル **おすすめ**		ツール
バスタオル **臭い**		
バスタオル **大判**		
バスタオル **替え時**		
バスタオル **安い**		
バスタオル **ハンガー**		
バスタオル **サイズ**		
バスタオル **人気**		

Yahoo! JAPAN でキーワード調査をするときは、Yahoo! ショッピングの枠が表示されているか、確認しましょう。先ほどの「バスタオル おすすめ」では、以下のようにYahoo! ショッピングの枠が表示されているので、Yahoo! ショッピングで買おうとするお客様も出てきます。Yahoo! ショッピングの枠が出ないキーワードは、対策しなくて大丈夫です。

Yahoo! JAPAN に表示された商品

キーワードを詳細にチェックする

　検索窓にキーワードを入れて最初に出てくる候補ワードは、対策している店舗も多くいます。そのため、こうした候補ワードの対策をしてもライバルが多くて、検索順位が上がらずにアクセス数が増えない、ということが起こりがちです。より詳細にキーワードを調査して、対策している店舗が少ないキーワードを狙っていきましょう。

　さきほど、用途や英語、カタカナなどさまざまなキーワードをリストアップしたので、リストアップしたキーワードをそれぞれ、以下4つの手順で詳細に調査していきます。

≫ 1. 3単語、4単語の候補ワードをチェック

　先ほどの「ショルダーバッグ」では「ショルダーバッグ レディース」という候補ワードが出ていたので、さらに「ショルダーバッグ レディース」と入力して、出てきた候補ワードをどんどん入れて掘り下げてみます。

単語数を増やす

ショルダーバッグ レディース
ショルダーバッグ レディース 軽い 60代
ショルダーバッグ レディース 斜めがけ
ショルダーバッグ レディース 本革
ショルダーバッグ レディース 軽い 40代
ショルダーバッグ レディース 小さめ
ショルダーバッグ レディース 軽い
ショルダーバッグ レディース 大きめ
ショルダーバッグ レディース ブランド
ショルダーバッグ レディース 50代
ショルダーバッグ レディース ナイロン

　こうして掘り下げたキーワードの「ショルダーバッグ レディース 軽い 60代」だと、出てきた商品数は11,847件でした。「ショルダーバッグ レディース」だと1,441,145件だったのが、100分の1になっているので上位を取りやすくなっています。

　こうした掘り下げた候補ワードだと、お客様のニーズもはっきりしてく

るので、購買意欲が高いという傾向があります。掘り下げた候補ワードは
ライバル店舗が少ないうえに、購入につながりやすくなるので、しっかり
対策しましょう。

>> 2. 単語の順序を変えてチェック

候補ワードを掘り下げたら、今度は単語
の順番を変えてチェックしてみます。

単語の順序を変えて「レディース ショル
ダーバッグ」としてみると、「ショルダーバッ
グ レディース」では出なかった「軽量」や
「大容量」などの候補ワードが出てきました。
単語の順序を変えた場合は、それほど検索
数は多くありませんが、対策している店舗
が少ないので、上位が取りやすくなります。

単語の順番を変える

| レディース ショルダーバッグ |
| レディース ショルダーバッグ 革 |
| レディース ショルダーバッグ 軽量 合皮 |
| レディース ショルダーバッグ ブランド |
| レディース ショルダーバッグ 新品 |
| レディース ショルダーバッグ 軽い |
| レディース ショルダーバッグ 40代 |
| レディース ショルダーバッグ 軽量 |
| レディース ショルダーバッグ 大きめ |
| レディース ショルダーバッグ 大容量 |

>> 3. キーワードの後ろに「あいうえお」と順番に入れてチェック

重要なキーワードだと、掘り下げた候補
ワードでもライバル店舗が多いことがよく
あります。そこで、キーワードの後ろに「あ、
い、う、え、お、」……と順番に入れてチェッ
クします。「ショルダーバッグ あ」、「ショ
ルダーバッグ い」という形で、順番にひら
がなすべて、アルファベット、数字までチェッ
クします。

「ショルダーバッグ　あ」

| ショルダーバッグ あ |
| a4 ショルダーバッグ レディーストートバッグ |
| a4 ショルダーバッグ レディースショルダーバッグ |
| a4 ショルダーバッグ メンズショルダーバッグ |
| ショルダーバッグ a4 |
| ショルダーバッグ a4 レディース 通勤 |
| ショルダーバッグ アネロ |
| ショルダーバッグ 赤 |
| ショルダーバッグ adidas |
| ショルダーバッグ a4 メンズ |
| ショルダーバッグ anello |

「ショルダーバッグ あ」とすると、「ショ
ルダーバッグ a4 レディース 通勤」というキーワードが出てきましたが、
このキーワードで表示された商品数は93,417件でした。

　あいうえお順にチェックしていくのは手間がかかりますが、ここまでチェックして対策している店舗はかなり少数です。そのため、ライバル店舗が少なく上位表示がしやすい傾向があります。

≫ **4. キーワードの後ろに「〜の」、「〜が」、といれて文章キーワードもチェック**

　Yahoo！ショッピングでは文章で検索する人が多いという特徴がありますが、どのような文章で検索しているかもチェックしましょう。

　キーワードの後ろに「〜の」、「〜が」と入れると文章で検索しているキーワードが出てきます。実際に「エアコンの」と入れてみると、さまざまなキーワードが出てきます。

「エアコンの」

エアコンの
エアコンの**リモコン**　エアコン用リモコン
エアコンの**リモコン**　エアコン部品、アクセサリー
エアコンの**リモコン**
エアコンの**マツ**
エアコンの掃除の仕方
エアコンの電気代1時間
エアコンの**リモコン**紛失
エアコンの水漏れ原因
エアコンの風避け
エアコンの取り外し方

　このうち「エアコンのリモコン紛失」は、以前はアクセス数がとても多い人気キーワードで、弊社のクライアントでもこのキーワードで1位を取ったら、家電ジャンルのランキングで1位を取るほど売れたことがあります。

　文章キーワードの対策をするときは、購入を目的にしているキーワードなのか、それとも何か知りたくて調べているキーワードなのか、判断してから対策しましょう。「エアコンのリモコン紛失」は、エアコンのリモコンがなくなって困っていて、替えのリモコンを探しているキーワードだからよく売れました。一方、「エアコンの電気代1時間」というキーワードは、電気代を知りたい段階で、まだ購入を目的にしていないキーワードと思われます。

　以上の手順でキーワード調査ができたら、次は商品情報を編集して検索対策をしていきます。

第 3 章

商品ページを
編集する

Yahoo! ショッピングの SEO（検索対策）のしくみ

キーワード調査が終わったら、調査したキーワードで順位アップができるように、商品ページを編集して**SEO**（検索対策）をおこないます。

>> **Yahoo! ショッピング検索はどのように順位が決まるか？**

Yahoo! ショッピング検索でどのように検索順位が決まるか、わかりやすく表すとこちらの図になります。商品の売上やPRオプションという広告をミックスした内容に、商品ページのSEOがどれだけできているかという内容を掛け算して、最後に商品が優良配送に対応しているか掛け算することで、商品の**スコア**（点数）が決まります。弊社では、商品ページのSEOがどれだけできているかを、**SEO レベル**と呼んでいます。

PRオプションについては5章で解説しますが、検索順位を上げる広告と思ってください。優良配送についても、5章で解説します。商品の売上については、過去1ヵ月ぐらいの売上が評価の対象ですが、1ヵ月前の売上より昨日の売上のほうが高く評価されるなど、最近の売上が重要になっています。

Yahoo! ショッピングの検索のロジック

こちらの図はYahoo! ショッピングが公式に発表した内容ではなく、弊社で独自に調べた内容です。実際は「商品の売上」としている部分もアクセス数や転換率など細かい要素に分かれますが、わかりやすさを重視して、

このような図にしています。

　検索したキーワードごとに、商品スコアが高い商品ほど上位に表示されるようになっています。

　商品スコアは掛け算で決まるので、売上が多かったり PR オプションの料率を高くしている商品でも、商品ページの SEO レベルが低くては Yahoo! ショッピングの検索で評価されませんから、この章に記載の手順でしっかり対策しましょう。

≫ 商品ページの SEO レベルはどのように評価されるか？

　商品ページの SEO レベルについては、以下のようになっています。

Yahoo! ショッピングの商品の評価のしかた

商品名	× 40 点
キャッチコピー	× 20 点
商品説明	× 10 点
プロダクトカテゴリ	× 20 点
スペック	× 10 点

　Yahoo! ショッピングの検索が高く評価する内容で商品名が入力されていたら 40 点、キャッチコピーが 20 点、などという形で足し算されていき、100 点満点で評価します。この評価はキーワードごとの評価になるので、たとえば「スニーカー」で検索したときは 100 点の商品でも「コーヒー」で検索したら 0 点、という評価になります。そのため、2 章のキーワード調査で効果的なキーワード探しをおこなってから、商品ページの検索対策をおこなうことで、効果が大きくアップします。

　商品ページで 1 つ 1 つの項目をしっかり編集して、Yahoo! ショッピングに評価される内容にしていきましょう。

SEOレベルの図も弊社で独自に調べた内容です。実際は、より複雑な計算式で評価されており、計算式の内容は公開されていません。複雑な計算式を理解するよりも、わかりやすく対策できることを重視して、このような図にしています。この点数の割合は、Yahoo!ショッピングでもロジックの変更を定期的におこなっているので、変わることがあります。

商品スコアは商品単位で評価される

商品スコアは、商品単位での評価になっています。そのため、売れている商品は高くなりますし、登録したばかりの商品は低くなります。商品のモデルチェンジがあったり、少し内容が変わった場合でも、新規に商品登録をするのではなく、商品ページの内容を変更して、販売し続けるのがおすすめです。

COLUMN

対策するキーワードはしぼる

キーワード調査で効果的なキーワードがいくつも見つかった場合、すべてのキーワードを商品に入れてしまいたくなりますが、まずはキーワードをしぼり込んで対策してみます。キーワードを入れ込みすぎると、商品ページのSEOレベルが低くなりやすいからです。まず、最も効果的だと思ったキーワードを商品に入れてみて、結果を検証してみましょう。

もし複数のキーワードで対策をしたい場合は、キーワードごとに商品を変えて対策してみるのがおすすめです。そうすると、どのキーワードで効果が出やすいか、同時に検証することができます。

Yahoo!ショッピングの検索機能は、かしこく単語を認識する

Yahoo!ショッピングはYahoo! JAPANという検索サービスを提供している会社なので、Yahoo!ショッピングの検索エンジンも優秀で、単語の認識がかしこくなっています。形態素解析といいますが、単語がどのように

分解されて組み合わされるか、自動的に認識してくれます。

　たとえば「ショルダーバッグ」を販売しているけれど、「ビジネスバッグ」や「メンズバッグ」というキーワードでも評価されるようにしたい場合、「ショルダーバッグ ビジネスバッグ メンズバッグ」のように、それぞれのキーワードを入力する必要はありません。「ショルダーバッグ ビジネス メンズ」と商品名などに入力すると、もとの単語を分解して組み合わせて「ビジネスバッグ」や「メンズバッグ」というキーワードでも評価の対象になります。楽天では「ショルダーバッグ ビジネスバッグ メンズバッグ」と、それぞれのキーワードを入れないと、検索で出てこないことがあるのに比べて、Yahoo! ショッピング検索の大きな特徴になっています。

　同じような単語を何回も入力する必要がないので、商品ページをわかりやすくすることができます。

❯❯ 商品ページの修正で売上が大きく伸びた事例

　商品ページの修正をしっかりおこなったことで、売上が大きく伸びた事例を紹介します。浴衣や帯など、和服関連の商材を扱っている「和物屋」様です。

　和物屋様では、楽天店、Yahoo! ショッピング店、Amazon 店と複数のネットショップを運営しています。編集作業の効率化のため、Yahoo! ショッピング店の商品ページは楽天店など他モールの商品ページに近い状況になっていました。さらに、コロナ禍で夏場の主力商品だった浴衣が売れなくなるなど、状況の変化もありました。

　そこで、商品すべてについて、Yahoo! ショッピングのキーワード調査とSEO をおこないました。同時に、商品情報（説明）についてもわかりやすくなるよう、修正しました。スマートフォンで見た商品ページの見やすさが大きく上がり、転換率も対策前の＋20％〜30％と大きく上昇しました。その結果、コロナ禍で落ち込んだ売上は大きく回復し、コロナ前の水準を大幅に超えるまでになりました。

商品ページを編集する

　ここからは、実際に商品ページを編集する作業に入ります。検索対策と見た目の整理は合わせておこなうことが大切です。続けて説明する、見た目についても確認しながら作業を進めてください。

　まず、商品の編集方法について解説します。Yahoo! ショッピングの管理システムである、ストアクリエイターProの画面を開いてください。

　「商品管理」などよく使う項目は、「お気に入りメニュー」に登録しておくと便利なのでおすすめです。お気に入りメニューへの登録は、「お気に入りメニューリンク」の横にある「登録・編集する」から可能です。

ストアクリエイター Pro

　お気に入りメニューではなく、ストアクリエイターProのメニューから商品の編集をする場合、左側のメニューで「2 − 商品・画像・在庫」の「商品管理」からおこないます。

商品管理

　商品管理の画面で「商品検索」で商品コードを入力して検索するか、「カテゴリリスト」から編集したい商品が登録されているカテゴリを選んで、商品の編集画面に入ります。なお新規に商品を登録するときは、商品を登録したいカテゴリを選んだうえで、「新規追加」を押します。

商品検索・カテゴリリスト

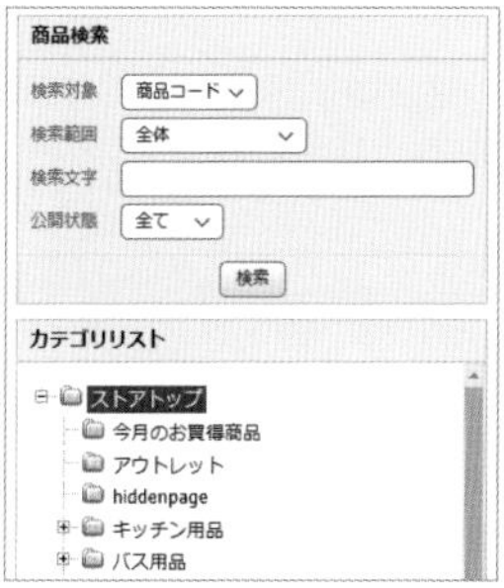

新規追加

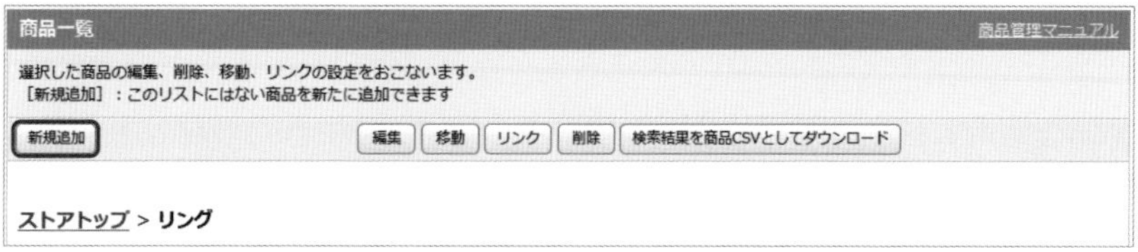

　商品の編集画面を開くと、Yahoo!ショッピング検索が評価する項目は「検索対象」というオレンジのマークがついています。たとえば、商品名は評価対象なのでマークがついています。

》 商品名

　商品名は、Yahoo!ショッピング検索で最も評価が高い項目です。最初に出した計算式のように、SEOレベルの点数が40点と高くなっているので、ライバル店舗が多いキーワードは商品名に入れないと、上位を狙うことは不可能です。

　そこで、どのように商品名を編集すると商品SEOレベルの評価が上がるかを解説します。ポイントは以下の4つです。

◎ 1. 記号は削除する

　楽天では【送料無料】のように、強調したい語句に記号をつけることが多いですが、Yahoo!ショッピングでは一部の記号が減点対象になっており、使うと検索結果の順位が落ちてしまいます。

　具体的に使うと減点される記号は、以下の記号です。！マークについては全角、半角どちらでも減点です。

> **減点される記号**

> 【 】＜ ＞ [ ] ！♪ ※ ★ ☆ ◆ ○ ◎ ○ □ ◇ ▽ △ ▲

　ここに記載した記号以外は、使用しても減点対象になりません。たとえば、「」カギカッコや（）カッコ、／スラッシュなどは使用して大丈夫ですので、単語を明確に区切りたい場合や強調したい場合は、これらの記号を使ってください。

◎ 2. 重要キーワードは前に入力

　商品名に入力したキーワードは、前にあるほど評価されます。そのため、検索対策で狙っていきたいキーワードは、商品名の前に入力するようにしましょう。先頭から1番目に大事なキーワード、次に2番目に重要なキーワード、といった順序が理想的です。

◎ 3. 複数のキーワードを狙う場合は連続して配置する

　「スニーカー レディース アディダス」など、複数単語のキーワードで検索対策をしたいと思っている場合は、連続して入力して、ほかのキーワー

ドが間に入らないようにします。先ほどの例だと、商品名に「スニーカー　レディース　アディダス」と続けて入力します。キーワードは完全にくっつけるよりは、別々のキーワードだと評価してもらいやすいように、半角スペースで区切るのがおすすめです。

4. 商品名の文字数は適度な長さにする

商品名は、文字数が長すぎると減点対象になっています。短いと評価するのではなく、長いと減点というしくみです。そのため一定の長さの範囲内なら大丈夫です。

具体的な文字数は、キーワードごとに決まります。キーワードごとに検索して、表示された商品の平均文字数より長いと、減点になっています。たとえば「お歳暮」と検索したとき、そのキーワードで表示された商品すべての商品名の平均文字数が100文字だった場合、100文字を超えると減点になる、ということです。そして平均文字数より長ければ長いほど、減点になります。

Yahoo!ショッピングの検索画面では、表示される商品名の文字数はスマホの機種などによって異なりますが、30文字〜35文字（半角60文字〜70文字）になっています。文字数を長くしすぎても検索結果に表示されないのと、商品名の後ろに入力したキーワードは評価が低いので、ほどほどの長さでおさえましょう。おおよその目安としては、50文字（半角100文字）以内にすると、問題ないようです。

❯❯ プロダクトカテゴリ

価格を入力できる欄の下に、**プロダクトカテゴリ**という欄があります。プロダクトカテゴリは、商品がYahoo!ショッピングのどのジャンルに所属するかという項目で、SEOレベルでも20点と、重視されています。また、お客様が以下のようにYahoo!ショッピングのカテゴリから商品を探すこ

　ともあります。全アクセスのうち、検索で探す割合が半分以上ですが、カテゴリから探す場合も2割ぐらいあるので、適切なプロダクトカテゴリに登録することは重要です。

　Yahoo!ショッピングでは15,000近くのプロダクトカテゴリが用意されているので、これから説明する手順で正しいプロダクトカテゴリに登録するようにします。

カテゴリ一覧

👕 ファッション		
レディースファッション	メンズファッション	腕時計、アクセサリー

🍚 食品		
ドリンク、水、お酒	スイーツ、洋菓子	和菓子、中華菓子
米、雑穀、粉類	魚介類、海産物	肉、ハム、ソーセージ
野菜	麺類、パスタ	パン、シリアル
惣菜、料理	漬物、佃煮、ふりかけ	豆腐、納豆、こんにゃく
調味料、料理の素、油	製菓材料、パン材料	非常用食品

🏕 アウトドア、釣り、旅行用品

◉ プロダクトカテゴリを設定する

　プロダクトカテゴリは、「プロダクトカテゴリを設定」ボタンを押して指定します。2022年8月から、プロダクトカテゴリの登録が必須になっているので、必ず登録しましょう。

プロダクトカテゴリ

プロダクトカテゴリの登録は3つの方法で可能です。

1. コードを直接入力する

プロダクトカテゴリのコード (数字) がわかっている場合、コードを直接入力します。よく使うプロダクトカテゴリの入力方法です。

2. カテゴリ名から探す

どのようなプロダクトカテゴリがあるか、わからない場合の方法です。単語を入力すると、存在する場合はプロダクトカテゴリが表示されるので、そこに登録します。

3. リストから探す

プロダクトカテゴリの分類から登録する方法です。大まかなリストから順番に選んでいけるので、プロダクトカテゴリの構造がわかっていない時や、検索しても見つけられない時におすすめです。

プロダクトカテゴリ登録画面

◉ プロダクトカテゴリのSEO効果

　プロダクトカテゴリは、適切に登録しないと検索で不利になります。たとえば「チョコレートケーキ」を販売している場合は、「食品 > スイーツ、洋菓子 > チョコレートケーキ」というプロダクトカテゴリに登録します。まちがえて「食品 > スイーツ、洋菓子 > チョコレート」に登録すると、「チョコレートケーキ」で検索したときに検索順位が落ちてしまいます。

　キーワードがどのプロダクトカテゴリに登録すると有利になるか、実際に検索すると確認できます。

　「チョコレートケーキ」と検索してみると、画面左側のメニューで、中ほどに「カテゴリ」という欄があります。ここには「スイーツ、洋菓子」の中で、「チョコレートケーキ」、「デコレーション、ショートケーキ」、「ロールケーキ」というプロダクトカテゴリが表示されています。ここに表示されているプロダクトカテゴリが、有利になるカテゴリです。1番上に出ているプロダクトカテゴリの「チョコレートケーキ」に登録すると、検索で有利になるので重要です。

「チョコレートケーキ」カテゴリ

◎ 似ているキーワードでも、有利になるプロダクトカテゴリが異なるケース

似ているキーワードでも、有利になるプロダクトカテゴリが異なるケースがあります。父の日にアクセス数が多かった「父の日 プレゼント 70代」というキーワードがありますが、「父の日 プレゼント 70代」では「ウナギ」や「干物」などの料理・惣菜のプロダクトカテゴリが上位に表示されています。

「父の日 プレゼント 70代」カテゴリ

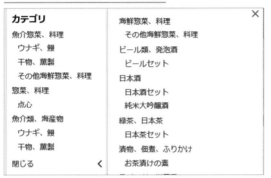

一方、似ているキーワードでアクセスの多かった「父の日 プレゼント 60代」でプロダクトカテゴリを見てみると、ビールや日本酒のプロダクトカテゴリが上位になっています。

「父の日 プレゼント 60代」カテゴリ

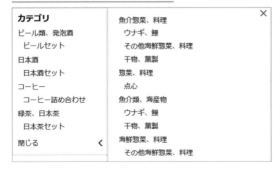

　この違いは、お父さんが60代ならお酒を贈るけど、70代だとウナギを贈る人が多いという、Yahoo!ショッピングでのお客様行動の分析に基づいていると思われます。このように似ているキーワードで有利になるプロダクトカテゴリが異なることがあるので、候補ワードに出てきてアクセス数が多いキーワードはどのプロダクトカテゴリで有利になるか、チェックしてみましょう。

◎ プロダクトカテゴリは定期的に変更されるのでチェック

　Yahoo!ショッピングでは定期的にプロダクトカテゴリの変更をおこなっています。変更があった場合、対応しないと検索で不利になるので注意が必要です。Yahoo!ショッピングから届く機能情報メールやストアクリエイターProのお知らせ画面をチェックするようにしましょう。

◎ 登録していたプロダクトカテゴリが削除されると、 検索でとても不利になる

　プロダクトカテゴリの変更では、削除もおこなわれます。プロダクトカテゴリが削除された場合、そのプロダクトカテゴリに登録していた商品は、どのプロダクトカテゴリにも登録していない商品になってしまい、検索でとても不利になります。

　狙っていたキーワードで上位に出てこなくなるのはもちろん、お客様がYahoo!ショッピングのカテゴリから商品を探そうとしても、削除されたプロダクトカテゴリに登録された商品はたどり着くことができません。プロダクトカテゴリの追加と削除は重点的にチェックしましょう。なお、「移動」となっている場合は所属ジャンルが変わるだけなので、対応しなくて大丈夫です。

削除されたプロダクトカテゴリに商品が登録されていないか
チェックする方法

削除されたプロダクトカテゴリに登録された商品は、編集画面ではこのように「不明なプロダクトカテゴリ」と表示されます。

不明なプロダクトカテゴリ

プロダクトカテゴリ ?	設定内容	不明なプロダクトカテゴリ (14360)
検索対象		プロダクトカテゴリを設定

しかし1商品ずつ確認していては大変なので、CSVデータでまとめて確認する方法を紹介します。手順としては、商品データとプロダクトカテゴリ一覧のデータを比較して、もれがないかチェックします。

商品データをダウンロード

商品CSVデータは項目が非常に多く、データ量も大きくて編集しにくいので、必要な項目だけにします。

まず、ストアクリエイターProで「商品管理」の画面に入り、画面左側にある「CSVダウンロード項目の選択」をクリックします。この画面で、code（商品コード）、product-category（プロダクトカテゴリ）、display（ページ公開）だけにチェックがついた状態にして「保存」ボタンを押します。

商品管理メニュー

商品管理メニュー
商品一覧
アップロード履歴
商品表示順序の変更
CSVダウンロード項目の選択

CSVダウンロード項目の選択

☐	taojapan	淘日本
☑	product-category	プロダクトカテゴリ
☐	spec1	スペック
☐	spec2	スペック
☐	spec3	スペック
☐	spec4	スペック
☐	spec5	スペック
☐	spec6	スペック
☐	spec7	スペック
☐	spec8	スペック
☐	spec9	スペック
☐	spec10	スペック
☑	display	ページ公開
☐	sort	（旧設定）商品表示順序

　保存ができたら、商品データという欄の下にある「ダウンロード」ボタンを押します。ダウンロードタイプを選ぶ画面になるので、「全ての商品データ」を選んで「ダウンロード」ボタンを押します。

商品管理メニュー（ダウンロード）

項目指定商品データダウンロード

　しばらく待つとダウンロード画面になるので、適当な場所にデータを保存します。商品数が多い店舗の場合は、以下のように画面が表示されます。その場合は、時間をおいてから再度「ダウンロード」ボタンをクリックします。

商品数が多い店舗の場合

プロダクトカテゴリデータをダウンロード

　商品データのダウンロードができたら、次はプロダクトカテゴリ一覧データをダウンロードします。画面上部にある「検索ツール」をクリックします。「プロダクトカテゴリ検索」という欄があるので、クリックします。

　メニューが出てくるので、「プロダクトカテゴリコード」の下の「ダウンロード」をクリックします。ダウンロード画面になるので、適当な場所に保存してください。

プロダクトカテゴリコード
ダウンロード

商品データとプロダクトカテゴリデータを比較

　ダウンロードした商品データとプロダクトカテゴリ一覧データをExcelで開きます。

商品データをExcelで開く

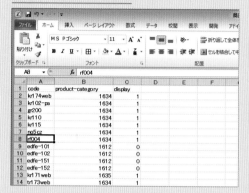

　まずdisplayという欄でフィルターを掛け、1の商品だけで絞り込みます。displayという欄は販売中という項目で、この欄が1の商品が販売中になっています。

販売中の商品をフィルター

　そしてA列が商品コード、B列がプロダクトカテゴリです。プロダクトカテゴリが存在するかチェックするため、C列に以下のような計算式を入力します。

VLOOKUP(B2,プロダクトカテゴリCSVファイル名!$A:$A,1,FALSE)

計算式をExcelに入力

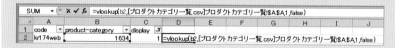

　そして計算式を入力したセルをコピーして、そのまま1番下の行まで貼りつけてください。そうすると、プロダクトカテゴリが存在する場合はプロダクトカテゴリの数字が入りますが、存在しない場合は＃N/Aという表示になります。

　このように、削除されたプロダクトカテゴリに登録されている商品がないか、全商品を対象にチェックすることができます。プロダクトカテゴリの変更があったら、チェックするようにしてください。

削除されたプロダクトカテゴリが＃N/Aで表示される

	A	B	C	D
1	code ▼	product-category ▼	display ▼	
1467	edfe-903	41303	1	41303
1468	edfe-951	41303	1	41303
1469	edfe-952	41303	1	41303
1470	edfe-953	41303	1	41303
1562	i-strap	14360	1	#N/A
1584	zak2002we	1616	1	1616
1586	zak503web	3980	1	3980
1752	edfe-003	1609	1	1609

≫ ブランドコード・スペック・JAN・製品コード

　次に設定するのは**ブランドコード**です。ブランド商品の場合は、ブランドコードを登録します。

ブランドコード画面

　ブランドコードは、ブランドコードの数字がわかっている場合は「コードを直接入力する」で登録、ブランドコードがわからない場合はブランド名を一部分でいいので入力して検索し、登録します。

● ブランドコードのSEO効果

　ブランドコードを設定するとブランド名で検索した時に有利になります。

また、Yahoo!ショッピングではブランド名とはいえないようなブランドコードが登録されていることがあります。たとえば、「マスク」というブランドコードがあります。マスクを販売している場合は、「マスク」のブランドコードに登録することで、検索で有利になります。

　ブランド品でないのにブランドコードを登録することや、関係ないブランドコードに登録することは、Yahoo!ショッピングでは禁止されており、退店などのペナルティ対象なので注意しましょう。高級ブランドなど、一部のブランドについては、審査があるので、商品登録前に確認が必要です。

◎ スペックを登録する

　スペックは、色やサイズなど商品を補足する情報を登録します。「スペック値を設定する」ボタンを押すと、スペックの一覧が表示されるので、該当するスペックにチェックをしていき、登録ボタンを押します。

スペック登録

スペックの一覧

◎ スペックはバリエーション（選択肢）でも登録できる

　ファッションジャンルのようにサイズやカラーが分かれる商品の場合は、バリエーション（選択肢）で商品登録をしますが、その場合はバリエーションでスペックを登録します。

　「個別商品設定（サイズ・カラーなどのバリエーション設定）」というボタンを押すと、バリエーションの選択画面が開くので「スペック項目」で

色など適切な項目を選んだあと、各バリエーションに該当するスペックを登録します。なお色が同じバリエーションが複数ある場合は、同じスペックを登録して大丈夫です。

バリエーション

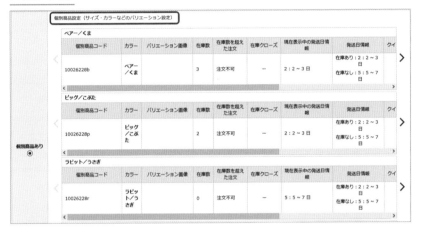

バリエーションでスペック項目を登録

◉ スペックのSEO効果

Yahoo!ショッピングの検索画面ではスペックでしぼり込む欄が表示さ

れているので、もしスペックを登録していない場合は、しぼり込まれたときに表示されなくなってしまいます。

　キーワードによっては、スペックを登録すると検索で少し有利になります。右の図の例では「花種類」というスペックで「カーネーション」がありますが、このスペックに登録することで「カーネーション」で検索したときに少し有利になります。

　食品など一部ジャンルでは「ギフト」というスペックがあります。この場合も「お歳暮 ギフト」などギフトという単語が含まれた検索で少し有利になるので、スペックは登録もれがないように、チェックしましょう。

スペック検索画面

● JANコード/ISBNコードの登録

　型番商品でJANコードがある商品や、本などISBNコードがある場合は、登録します。

　JANコードを直接入力して探すお客様はそれほどいませんが、Yahoo!ショッピングアプリでは以下のようにバーコードをスキャンして探す機能が用意されています。まだ利用しているお客様はそれほど多くないのですが、家電などの商品ではJANコードからのアクセスも見込めます。

JANコード

バーコードから探す

　ただしJANコードや次の製品コードを登録すると、検索画面で「最安値を見る」というリンクが表示されます。ライバル店舗に比べて値段が安かったり、発送納期が早い、メーカー公式ショップであるなど、ライバル店舗

に勝てる場合は問題ないですが、そうでない場合は検索で上位になっても、ライバル店舗に流れてしまう恐れもあります。JANコード/ISBNコードを登録するかどうかは、Yahoo!ショッピングでJANコードで検索して、ライバルをチェックしてからにしましょう。

最安値を見る

「よなよな公式」ビール beer ギフトセット プレゼント gift クラフトビー…
3,850円 送料無料
1%（38円相当）
★★★★★（212件）
優良配送
[最安値を見る]

③

◎ 製品コードの登録

製品コードは、JANコードとは別にメーカーが決めている商品型番です。家電製品など、型番で検索されやすい商品は登録します。こちらもJANコードと同じように、「最安値を見る」というリンクが表示されます。

製品コード

製品コード（型番）❓ 検索対象	例）1MG20031

◎ サイズ・カラーなどのバリエーション（選択肢）画像を登録する

サイズやカラーが選べる商品の場合、「サイズ・カラーなどのバリエーション設定」でそれぞれのサイズやカラーを登録します。まず在庫タイプで「個別商品あり」を選んで、カラーやサイズなどのバリエーションを設定したあと、バリエーションごとの画像を登録しておきましょう。

バリエーション画像を登録しておくと、「メンズファッション」「レディー

スファッション」など一部のジャンルでは、検索結果に最大で3コマ分表示されます。以下の商品は傘の例ですが、同じ商品が3個、色違いで並んでいます。

バリエーション画像を登録

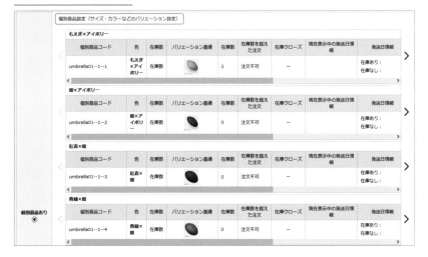

バリエーションが3コマ分表示される

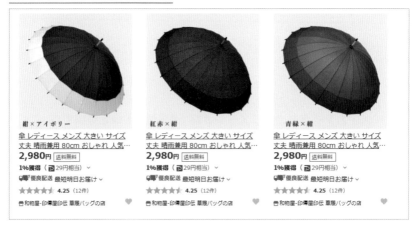

　商品ページでも、バリエーションの横に、以下のようにバリエーション画像が表示されるので、お客様が商品を選びやすくなります。

　バリエーション画像の登録は検索で有利になるだけでなく、お客様にもわかりやすい商品になるので、できるだけ登録しましょう。

商品ページのバリエーション

≫ キャッチコピー

　続いて、**キャッチコピー**欄の編集に入ります。ここも「検索対象」マークがあるように、Yahoo!ショッピング検索で評価される項目です。

キャッチコピー

○ キャッチコピーという名前にだまされない

　「キャッチコピー」という項目名なので、「当店1番人気！ランキング受賞」と書くなど、商品についてアピールする内容を入れる欄だと勘違いする店舗が多いようです。しかし、キャッチコピーは検索対策のための項目と判断してください。なぜなら、スマートフォンで商品ページを見ても、キャッチコピーは表示されない項目だからです。以下の例でも、商品名は表示さ

れていますが、キャッチコピーは表示されていません。またパソコン版の
画面で見ても、商品名の上に小さく灰色の文字で表示されているだけで、
目立たない項目です。

スマホ画面で見た商品ページ

PC画面で見た商品ページ

さらに、検索結果では商品名しか表示されず、キャッチコピーは表示さ
れません。このようにキャッチコピーは表示されないか、小さな文字で出
るだけなので、お客様にアピールしたい内容を入れても効果がほとんどあ
りません。アピールしたい内容は商品名に入れる方が効果的です。

キャッチコピーはSEOレベルが20点と高い項目なので、SEOのための
欄だと考えてキーワードを集中的に入力しましょう。

◉ キャッチコピーのSEO効果

キャッチコピーの文字数は30文字（半角60文字）と、商品名よりも入力

できる文字数が少ないですが、その分キーワードをしっかり選んで入力すると、効果が高くなります。

　もっともおすすめな対策は、商品名に入れたキーワードをそのまま入れることです。そうすると商品名の40点＋キャッチコピーの20点で60点分の効果が出ます。キャッチコピーをアピールする欄だと思ってキーワードを入れていない店舗が多いことと、キーワードを入れていても商品名に入れたキーワードとは別のキーワードを入れている店舗も多くいます。そのため、キーワードを商品名とキャッチコピーの両方に入れると効果が大きくなります。

　具体的な入れ方ですが、商品名では重要なキーワードを前の方に入力していくのが効果的と先ほど解説したように、商品名の前方に重要なキーワードが固まっているはずです。そこで、商品名の先頭から60文字分、キーワードをキャッチコピーに写すのがおすすめです。

　たとえば「ニューバランス レディース スニーカー 20代 30代 40代 50代 New Balance ランニング 軽量 W413」という商品名だったら、先頭から60文字の範囲で「ニューバランス レディース スニーカー 20代 30代 40代 50代」という部分まで、そのままキャッチコピーにコピペで入力します。

● キャッチコピーの制限について

　キャッチコピーには、商品名のような制限はありません。記号を入れたら減点されたり、文字数が長いと減点ということもないので、普通に入力して大丈夫です。ただし記号については、キャッチコピーは目立たない項目ですし、文字数が限られているので、入れる必要はありません。

≫ 商品情報（説明）

　商品情報（説明）は検索対象のマークがついているように、Yahoo!ショッピング検索の評価対象です。管理画面では商品情報という項目名ですが

わかりにくいので、この本では商品情報（説明）と書くようにします。

商品情報（説明）は、HTMLが使えず文字だけで入力する説明文です。商品情報（説明）はアプリおよびスマホで最初に表示される説明文で、「商品情報をもっと見る」ボタンを押さないとHTMLが使える説明文は表示されないので、商品情報（説明）をしっかり入力する必要があります。

商品情報（説明）

● 商品情報（説明）のSEO効果

Yahoo!ショッピングでは楽天などの他モールと違い、HTMLが使えるほかの説明文欄は検索対象外です。以下の図のように、商品情報（説明）のすぐ下にある商品説明は検索対象のマークがついていません。ほかにもスマートフォン用フリースペースなど、HTMLを使えるものはすべて検索対象のマークがついていません。

HTMLが使える説明文には「検索対象」マークがない

商品説明 ❓	
PCのみ	PCページでのみ表示したい情報があれば、こちらに記入します。

Yahoo!ショッピング検索の対象にしたいキーワードは、商品情報（説明）に入れましょう。

商品情報（説明）はSEOレベルの点数が10点と、商品名やキャッチコピーに比べると重要度は低いですが、文字数が500文字（半角1000文字）入力できるのがメリットです。そこで、商品情報（説明）は検索対策で2つの使

い方ができます。

1つめは、商品名に入れるほど重要ではないと判断したキーワードを入れます。

たとえば、アパレルやインテリア商品のようにカラーバリエーションがある商品だと、「スニーカー レディース 白」のように、色名を組み合わせて検索するお客様も一定数います。

色数が多い商品だと、すべての色を商品名に入れると文字数が足りなくなります。重要度もそこまで高くないので、商品情報（説明）に色名を入力しておくと効果的です。なおスニーカーとレディースは重要なキーワードなので、商品名とキャッチコピーにも入れておきます。

キーワードを入れる際は、キーワードの詰め込みすぎに注意します。店舗によっては商品情報（説明）がキーワードで埋め尽くされていて、読んでも意味がわからない状態になっているケースもあります。こうした商品ページではお客様にわかりにくくなり買ってもらえないので、説明をしながら適度にキーワードを入れます。

たとえば、ギフト商品でいろいろなラッピングに対応できる場合は、以下のようにするといろいろなギフトのキーワードに対応できるうえに、お客様にとっても親切です。

> 対応ラッピング：結婚祝い 出産祝い　長寿祝い 還暦祝い

2つめは、商品名にも入れたキーワードを商品情報（説明）にも入力します。商品名が40点なのに対して、商品情報（説明）は10点とSEOレベルは低いですが、商品名の40点に追加で10点、合計で50点分の点数が入ります。そのため、商品名に入れた重要キーワードは、商品情報（説明）にも入力するようにしましょう。

商品情報（説明）に商品名に入れたキーワードを入力する時、お客様

に違和感を与えないようにするには、以下のように入力すると効果的です。

商品名：アディダス スニーカー レディース 30代 40代 50代 ADIDAS ○
○○○○

　商品情報（説明）の途中にこのように入力すると、商品の説明として自
然ですし、どの商品なのかお客様もわかりやすくなります。

◉ 商品情報（説明）はスマホでのわかりやすさを重視する

　商品情報（説明）はスマホの画面でも見やすいように、改行を少し多め
にして文字が詰まらないようにします。記号を入れるなど、文字の使い方
を意識しましょう。キャッチコピーと同様、記号が入っていたり文字数が
長すぎると減点される、ということはありません。

　たとえば商品のスペックを書く時、上の例よりも下の例のほうが見やす
く感じると思います。

普通に入力した例

スペック　サイズ 100 60 50（cm）　重さ 1kg　カラー ブルー レッド

わかりやすくした例

【スペック】
サイズ：100 × 60 × 50 cm
重さ　：1kg
カラー：ブルー（青）、レッド（赤）

　なおこの例で、カラーで「ブルー（青）」としているのは、Yahoo! ショッピ
ングでは「ブルー」と検索するお客様よりも、「青」など日本語の色名で検

索するお客様が多いので、検索対策もするためです。

● 商品情報（説明）は空欄になりやすいので注意

　楽天から商品ページを移植した場合や、商品の一元管理システムを使ったりしていると、商品情報（説明）が空欄になることがよくあります。商品情報（説明）に該当する欄がほかのモールにはないためです。そのため、商品を移植したり一元管理システムを使っている場合は商品情報（説明）が空欄になっていないか、商品の編集画面でチェックするようにしましょう。

お客様に買ってもらうための商品ページの見た目

》検索対策と一緒に商品ページの見た目も整える

　検索対策をおこなってアクセス数を増やすことも重要ですが、商品の見た目を整えてお客様にわかりやすくすることも重要です。せっかく商品を見てもらったのに、魅力的とは思えなかったり、商品の特徴がわかりにくい、と思われて買ってもらえなかったら、意味がありません。検索対策をしながら商品ページの見た目も整えていきましょう。

　そのために、Yahoo!ショッピングの見た目の特徴について、まず解説します。

》Yahoo!ショッピングの売上はスマホ経由が8割弱

　Yahoo!ショッピングの売上のうち、アプリ経由は53%、スマホブラウザ経由は19%と合計で73%のお客様がスマホで購入しています。スマホで注文する人の割合は毎年増加していて、店舗によっては8割以上がスマホでの注文になっています。特に、アプリで購入しているお客様の割合がと

ても多いので、Yahoo!ショッピングアプリをインストールして、アプリの画面で自分の商品がどのように見えているか、確認しましょう。アプリでの見た目は定期的にリニューアルされるので、ときどきチェックすることをおすすめします。

▶Yahoo!ショッピングアプリ（iOS）

https://apps.apple.com/jp/app/yahoo-%E3%82%B7%E3%83%A7%E3%83%83%E3%83%94%E3%83%B3%E3%82%B0/id446016180

▶Yahoo!ショッピングアプリ（Android）

https://play.google.com/store/apps/details?id=jp.co.yahoo.android.yshopping

Yahoo!ショッピング購入者　デバイス別アクセス比率

※ 出典元：バリューコマース株式会社

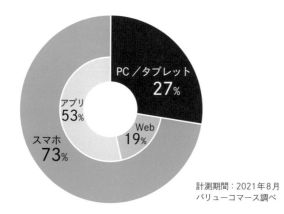

計測期間：2021年8月
バリューコマース調べ

　商品の編集作業はパソコンでおこなうので、ページのデザインはパソコンで確認することが多いと思いますが、実際はスマホを第一優先にしたページ作成をおこなう必要があります。

❯❯ スマホだとHTMLを入力できる説明文が表示されない

　Yahoo!ショッピングのスマホ画面では、スマートフォン用フリースペース（画像などHTMLを入力できる説明文）が最初は表示されない、という特徴があります。

　こちらはスマホで確認した画面ですが、買い物かごの下の方までスクロールすると、以下のように「商品情報」という欄に商品情報（説明）が表示されるだけで、スマートフォン用フリースペースは表示されていません。

　そして「商品情報をもっと見る」というボタンを押すと、スマートフォン用フリースペースが表示されますが、このボタンを押さないで商品を確認しているお客様も多くいます。HTMLを入力できる説明文を見なくても、お客様が商品のことをわかるような商品ページにする必要があります。

③

スマホアプリで見た商品情報

スマートフォン用フリースペース

>> **商品画像で基本的なことがわかるようにする**

　Yahoo!ショッピングでは商品画像を20枚まで登録できるので、商品画像で多くの説明をすることが可能です。スマホで買うお客様は、商品画像をスクロールして確認するお客様が多いので、商品画像も20枚しっかり登録するようにします。スマートフォン用フリースペース（説明文）に入力した画像も、商品画像に入れるようにしましょう。

　そして、商品画像の1枚目は検索画面など、いろいろなところに表示される重要な画像です。検索結果でライバル店舗の商品と一緒に並んだとき、クリックされやすい画像を心がけます。具体的には商品の特徴がすぐわかるようにしたり、利用シーンがイメージできる撮影をしてみます。

　たとえば以下の画像では、タイルマットの枚数やサイズ、カラー展開、さらに商品の特徴が画像だけでわかるようになっています。

よい商品画像の例

商品画像ガイドラインについて

2022年8月に、Yahoo!ショッピング**商品画像ガイドライン**が制定されました。すでに楽天やAmazonでも同様の商品画像ガイドラインがあり、過剰な装飾が禁止になっていますが、Yahoo!ショッピングでも同様に禁止になります。大まかな内容は、以下のようになっています。

- 商品画像に入れてよいテキストの量は、全面積の20％まで
- 枠線や帯などの禁止
- 背景は白（#FFFFFF）または商品と一緒に撮影された写真背景

商品画像ガイドラインの対象になるのは、1枚目の商品画像とバリエーション（選択肢）の画像のみです。2枚目以降の商品画像は、自由に文字入れなどをして大丈夫です。

2023年4月から、商品画像ガイドラインに従っていない商品は検索順位の低下や非表示などの措置を予定していると、発表されています。

商品画像ガイドラインは今後変わる可能性があるので、詳細はストアクリエイターの「ガイドライン・約款」ページに出ている「商品画像ガイドライン」をご確認ください。

▶ 商品画像ガイドライン
https://store-info.yahoo.co.jp/shopping/guideline/guidelin/b/imageGuideLine.html

Yahoo!ショッピングは画像が劣化しやすい

画像をわかりやすくするうえで、Yahoo!ショッピングでは重要なポイントがあります。

Yahoo!ショッピングでは、画像は圧縮して登録されるので、ほかのモールに比べて画質がやや落ちる傾向があります。そのため、自分のパソコンでは問題なく表示されている画像が、Yahoo!ショッピングに登録すると劣

化してしまい、小さい文字が潰れて読めない、といったことが起こります。小さすぎる文字ではスマホで読みにくくなってしまうので、画像に入れる文字はある程度大きくしましょう。具体的には画像を 1000×1000 ピクセルの大きさで作る場合だと、文字のサイズは 20 ピクセル以上にします。

商品の見た目を意識しながら編集する

　ここからは、商品ページの見た目を意識して編集するポイントを紹介します。先に説明した検索対策と合わせておこなうことが大切です。

▶▶ 商品名のバランスも考える

　検索対策を考えると、商品名はキーワードで埋め尽くすことが有利になりますが、そのような商品はお客様にわかりにくくなってしまいます。先頭には重要なキーワードを入れつつ、商品の特徴をふまえた言葉も商品名に入れるようにしましょう。検索結果で表示される文字数が約 30 文字なので、20〜30 文字ぐらいに特徴をふまえた言葉を入れるとわかりやすくなります。

　弊社で対策をする場合は、アクセス数がほとんどない商品はまず検索対策が重要なので、特徴をふまえた言葉は 1 単語ぐらいにして、キーワードを重点的に入れるようにしています。売上が増えてきたら商品の特徴の単語を少しずつ増やしていき、バランスを取るようにしています。

▶▶ 売上が多ければ、「半額セール」などアピール要素を商品名に 　　 入れる方法もある

　商品名は検索結果に表示され、お客様も注意して見る重要な部分なので、お客様にアピールしたい内容を商品名に入れるという方法もあります。

Yahoo!ショッピングの検索ロジックでは売上が重要な要素になっているので、アピールしたい内容を入れて商品名のSEOレベルが少し落ちても、お客様がクリックして売上が上がれば、全体での評価は上がるからです。

たとえばセール企画をおこなっている場合は、あえて商品名の先頭に「半額セール」と入れたり、店舗独自のサービスをしている場合は「返品交換無料」などと入れてアピールします。売上が多い商品でないと検索結果の順位が落ちてしまいますが、このような方法もあります。

商品名にアピール要素を入れた場合は、狙っているキーワードで順位が落ちてないかチェックするようにしましょう。順位が大きく落ちていた場合はもとに戻します。

▶▶ ひと言コメント

キャッチコピーの下には、ひと言コメントという欄があります。ここは検索対象マークもついていない、SEOとは関係のない欄です。

ひと言コメント

ひと言コメントは、パソコン版の商品ページでのみ表示される欄で、以下のように商品名の右に小さく表示されます。スマートフォンでは表示されない欄なので入力しなくても大丈夫ですが、余力があったら入力してみましょう。

HTMLが入力できるのと、買い物かごボタンの上にありお客様の目に留まりやすいので、ギフトラッピングの案内など買い物を後押しする内容を入れるのが効果的です。ほかの商品も案内したい場合は、B-Spaceというバリューコマースが提供しているサービスを使うと、自動的に店舗内のラ

ンキングを表示してくれるなどの機能があります。

ひと言コメントに案内を表示

▶ B-Space

https://bspace.jp/

≫ 追加表示情報欄でフリースペース（説明文）をしっかり入力する

Yahoo!ショッピングでは、パソコン版の商品ページや、スマートフォン版の商品ページに表示される説明文のことをフリースペースと呼んでいます。

フリースペースの編集は商品編集画面で「追加表示情報」というタブを開くと表示されます。

追加表示情報

フリースペースはPC用もスマートフォン用も、検索対象のマークがついていません。楽天ではパソコン用説明文やスマートフォン用説明文は検索対象ですが、Yahoo!ショッピングでは検索対象になっていないので、SEOのためのキーワードを入れるのではなく、商品をわかりやすく説明す

る場所として活用しましょう。

PC用フリースペース

スマートフォン用フリースペースから先に作る

Yahoo!ショッピングでは、売上の8割弱がスマートフォン経由になっています。パソコン経由の売上は2割しかないので、まずスマートフォン用フリースペースを先に作り、その内容をPC用に入れる、という流れにしましょう。スマートフォン用の内容とPC用の内容が同じでも大丈夫です。オフィス用家具など、パソコンでの売上割合の方が多い場合は、パソコン版から作ります。

META descriptionは入力しなくても大丈夫

フリースペースの下にあるMETA descriptionとは、Google や Yahoo! JAPANなどの一般的な検索エンジンで利用されることがある項目です。昔はMETA descriptionにキーワードを入れると検索に出やすくなるといわれていましたが、今は検索結果にMETA descriptionの内容が表示されることがあるだけなので、入力しなくても構いません。入力する場合は、商品名をそのまま入れる程度で大丈夫です。

関連商品情報とカート内関連商品を設定する

関連商品情報の「おすすめ商品」は、商品ページの下部に表示される項目です。

関連商品情報を登録

おすすめ商品 ❓	10000090	商品コード選択		10000091	商品コード選択
	10000092	商品コード選択		10000093	商品コード選択
	10001242	商品コード選択		10001244	商品コード選択
	10001245	商品コード選択		10001246	商品コード選択
	10001247	商品コード選択			商品コード選択
	入力項目追加				

カート内関連商品

関連商品 ❓	bag50	商品コード選択			商品コード選択
		商品コード選択			

　似たような商品を紹介する欄で、スマートフォンでは商品ページ下部の「みんなはこの商品を見ています」として表示されます。それほど目立つ場所ではないので、紹介したい商品がある場合はスマートフォン用フリースペースやPC用フリースペースでしっかり紹介することをおすすめします。

　カート内関連商品は、注文ボタンを押したあと、注文手続きの画面で「おすすめ商品」として表示されます。カート内関連商品を入力していない場合や、入力した商品数が少ない場合は、自動的に商品が選択されて表示されます。商品のオプション品など、一緒に購入してほしい商品を入力しておくと効果的です。

「おすすめ商品」に表示されたカート内関連商品

≫ プレビューボタンでデザインを確認する

　すべての入力ができたら、「保存してプレビュー」ボタンを押して内容
を確認します。「パソコン版」と「スマートフォン版」それぞれタブで切り
替えて確認が可能です。

プレビュー

パソコン版プレビュー

編集をしたら必ず反映をおこなう

　Yahoo!ショッピングでは、編集しただけでは、お客様が見る商品ページ
は変更されません。反映という作業をおこなう必要があります。商品1つ
ずつ反映する場合は、「保存してプレビュー」を押したあとに出ている「反
映」ボタンを押します。

商品ページへの反映

複数の商品を編集した場合や、デザイン設定などを編集した場合は「反映管理」で全体の反映をおこないます。編集画面で「反映管理」のタブを開きます。

編集をしたけれど反映されてない項目が表示されているので、「反映」ボタンを押します。

反映管理

画像管理	カテゴリ管理	新ストアデザイン	反映管理

ページ編集マニュアル

ギフト 男の子 女の子 おしゃれ 誕生日プレゼント 絵本とパ
ンクション たいよう」ページの編集ができます
用できます
ト [2]

未反映一覧

確認画面になるので「はい」を押します。

反映確認

これで、編集作業は完了です。

第 4 章

店舗トップページと
デザインを編集する

スマートフォン版トップページを編集する

　3章で商品ページのSEOと見た目を編集しましたが、**店舗トップページ**も編集しておきましょう。お客様は検索などで商品ページから入ってきますが、ほかの商品を探す時や、信用できる店舗か確認する時など、店舗トップページを見ることが多くあります。特にスマートフォンではパソコンよりも表示できる内容に限りがあるので、わかりやすいトップページにしておくことで売上アップにつながります。

≫ スマートフォン版トップページの編集画面を開く

　スマートフォン版のトップページは、以下の手順で編集が可能です。

　「2 － 商品・画像・在庫」の「商品管理」をクリックして、編集画面に入ります。「ページ編集」のタブに切り替えたあと、左のサイトマップで「ストアトップ」を選択して、「編集」ボタンをクリックします。

トップページ編集

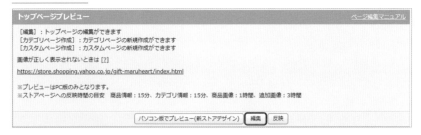

　「基本情報」のタブが開いた状態になっているので、「スマートフォン用情報」のタブをクリックします。

スマートフォン用情報

トップページ編集		ページ編集マニュアル
［保存してプレビューへ］：入力した情報を更新して反映待ちの状態にします		

| 基本情報 | 販促用情報 | スマートフォン用情報 |

ページ設定

ページID	index
META description	出産祝いに最適な今治タオル・泉州タオルの名入れギフトや出産祝い専用のカタログギフトを取り扱っております

全角80文字（160バイト）以内

≫ 看板画像を設定する

「スマートフォン用情報」の画面を開くと、1番上に**スマートフォン版用ストア画像**という欄があります。この欄は、スマートフォン版トップページで1番上に出る看板画像です。

スマートフォン版用ストア画像

看板画像はトップページを開くと1番最初に目に入る画像なので、以下のような点に注意して看板画像を作成します。

- サイズは横640×縦200ピクセルで作成する。ほかのサイズにすると間延びしてしまうため。
- お客様に店舗名を覚えていただけるように、店舗名をほかの要素よりも大きくて見やすい文字サイズで入れる。

- お客様にアピールしたいお店の特徴をキャッチコピーとして、店舗名の上などに配置する。
- 専門店の場合は、商品画像を入れてどんなショップかわかるようにする。
- 「○○円以上で送料無料」は入れている店舗が多いが、送料無料になる金額が高い場合は入れなくても構わない。
- 代金引換やコンビニ決済など対応している決済方法が多い場合は、アイコンで入れる。

　これらすべての要素を入れる必要はないので、お客様にアピールしたい順番や店舗の特徴を考えて看板画像に入れていきます。

>> スマートフォン用フリースペースを設定する

　看板画像の下に、**フリースペース**という欄があります。この欄はYahoo!ショッピングのスマートフォン版トップページでは、唯一HTMLを使って入力ができる箇所です。

フリースペース

　入力できる文字数が5000文字（半角1万文字）と少ないですが、トップページを見たときに最初に表示される重要な部分なので、以下のような内容をしっかり設定しましょう。

- 商品数や取り扱いジャンルが多いショップの場合、主要なジャンルへ誘導するバナーを入れて、お客様が商品を探しやすくする。

- クーポンやポイントアップなどお得なイベントを開催しているときは、イベントの内容がすぐわかるバナーを入れる。
- リピート性が高い商材の場合や、入り口商材としてお試し商品がある場合は、お得感を強調しながらその商品のバナーを入れる。

スマートフォン用フリースペースでは、入力できるHTMLタグに制限があります。よく使われるHTMLタグでは、<font>や<center>などが使えません。文字数削減にもなるので、画像を中心にして作成しましょう。

≫ スマートフォン用おすすめ情報を設定する

スマートフォン用フリースペースの下には、**おすすめ商品**という欄があります。この欄は小さな画像でリンクができる欄ですが、スマートフォンのトップページでは1番下、ストア情報の上に表示されます。

4

おすすめ商品

おすすめ情報		
画像は、80×80px（5KB以内）のGIF/JPEG/PNG形式でアップロードしてください。		
おすすめ情報 1	画像〔必須〕	取り消し
	リンク先URL〔必須〕	https://www.instagram.com/sanko_wakayama/
	テキスト	instagram　　　　　　　　　　全角/半角11文字以内
おすすめ情報 2	画像〔必須〕	トイレマット　取り消し　サイズ選びに困ったら…
	リンク先URL〔必須〕	https://shopping.geocities.jp/sanko-online/toiletmat_size/
	テキスト	全角/半角11文字以内

おすすめ商品の表示例

　あまり目立たない欄なので、余裕があったら入力する、というレベルで大丈夫です。店舗トップページの1番下にある欄なので、店舗に強い興味を持ったお客様が見てくれる場所です。入力する場合は、SNSへ誘導したり、よくある質問など興味を持ってくれたお客様に向けたリンクを入れてみましょう。

❯❯ カテゴリの並び順を意識する

　スマートフォン版トップページでは、スマートフォン用フリースペースの下の「カテゴリから探す」欄にカテゴリページの一覧が表示されます。

　登録した順番に上から3個まで表示され、それ以降のカテゴリは「すべてのカテゴリを見る」をクリックすると表示されるようになっています。重要なカテゴリは上の方に配置するようにしましょう。

　たとえばギフト商材を扱っているショップなら、ホワイトデーの時期にはホワイトデーのカテゴリを1番上に、母の日の時期には母の日のカテゴリを1番上に配置すると、お客様が商品を探しやすくなり、売上アップにもつながります。

　イベントに合わせて、カテゴリページの配置を変更している店舗の例です。母の日の時期は「母の日プレゼント」カテゴリが1番上になり、母の日が終わると「川本屋のご贈答品」カテゴリの下に「母の日プレゼント」カテゴリを移して、お客様にわかりやすくしています。

カテゴリから探す

　カテゴリページの並び順は、以下の手順で変えることができます。編集画面で、「カテゴリ管理」となっているタブを開きます。

カテゴリ管理

ページ編集	商品管理	在庫管理	画像管理	カテゴリ管理

ページ検索

検索文字　[　　　　　　　]

[検索]

トップページプレビュー

【編集】：トップページの編集ができます
【カテゴリページ作成】：カテゴリページの新規作成ができます
【カスタムページ作成】：カスタムページの新規作成ができます
画像が正しく表示されないときは [?]

　カテゴリページを移動させたい場合は、移動させたいカテゴリページを選択して「移動」ボタンを押し、移動したいカテゴリを選びます。ほかのカテゴリページの下にあったカテゴリページを1番上に移したい場合は、「ストアトップ」を選択すれば移動できます。

カテゴリ一覧

　カテゴリページの表示順序を変えたい場合は、変えたいカテゴリページが所属するカテゴリページを選択して「カテゴリ表示順序の変更」を押します。1番上のカテゴリページの表示順序を変える場合は、ストアトップを選択します。

　数字を変えて順序を変えたら、「並べ替え」ボタンを押せば完了です。

カテゴリ表示順序の変更

　スマートフォン版だけでなく、パソコン版トップページや商品ページなどにも登録した順序でカテゴリ一覧が表示されるので、しっかり並び順を整理しておきましょう。

パソコン版トップページの
デザインを整える

　Yahoo!ショッピングではパソコン版での売上は2割ぐらいですが、スマートフォンで商品を見たあと、パソコンの画面で詳細を確認するお客様もいます。そのため、パソコン版のトップページと商品ページなどのデザインも整えておきましょう。

　パソコン版ページでは、全体的な構造は「新ストアデザイン」で設定し、トップページなどそれぞれの内容は各ページの編集画面で編集します。そのため、パソコン版のデザインを整えるときは、トップページの編集と新ストアデザインの設定が必要です。

≫ パソコン版トップページの編集画面を開く

　パソコン版のトップページは、以下の手順で編集が可能です。

　「2－商品・画像・在庫」の「商品管理」をクリックして、編集画面に入ります。そして、「ページ編集」のタブに切り替えたあと、左のサイトマップで「ストアトップ」を選択して、「編集」ボタンをクリックします。

ストアトップ

≫ パソコン版トップページのフリースペースを設定する

フリースペース1〜フリースペース5までの欄に、トップページに表示したい内容を入力していきます。先頭にある「META description」はGoogleなど外部の検索エンジン向けの欄で、店舗の紹介になる文章を入れておけば大丈夫です。

トップページ編集

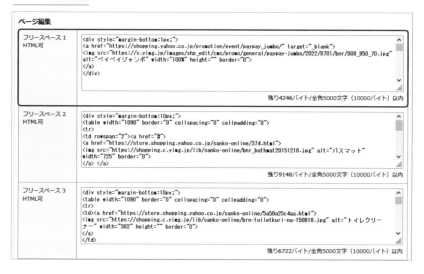

パソコン版のトップページは、スマートフォンよりも表示できるエリアが広いのと、新ストアデザインで入力した看板などが表示されるという違いがあります。そのため、お客様が店舗内を回遊してもらうための部分は、ストアデザインで設定した内容を中心にして、フリースペースにはイベントの告知をするバナー画像や新商品などを中心に入れてみましょう。

自由なデザインでトップページを 作る場合はトリプルを利用

Yahoo!ショッピングのトップページ作成は、用意されている入力欄に入力するだけですぐに作成できますが、入力欄が少ないうえに全体的なレイアウトが変更できないなど、自由度が低いという側面もあります。特にスマートフォン版のトップページは入力できる文字数が少ないので、お客様に伝えたい内容が多いと入力しきれなくなってしまいます。自由なデザインでトップページを使いたい場合は、**トリプル**というサービスを利用しましょう。

トリプルは自分で作成したHTMLを表示できる、一般的なホームページ作成と同様のサービスです。スマートフォン版トップページやパソコン版トップページに使うことも可能ですし、特集ページやセールページをトリプルで作成することもできます。

トリプルでトップページを作成している「よなよなの里」様の例ですが、スライドバナーが入っていたりメニューボタンがあるなど、わかりやすくなっています。

トリプルの例

　　ただし、トリプルはHTMLやFTPの知識が必要なので、知識がない場合はストアクリエイターProで作成するか、制作会社に依頼します。

　　トリプルの申し込みは、ストアクリエイターProの画面で「8 − B-Space・トリプル」の欄から可能です。有料サービスなのでご注意ください。

トリプル申し込み

>> **トリプルで利用したいトップページの内容をHTMLで作成しておく**

　　トップページをトリプルで作成するには、スマートフォン版やパソコン版のトップページとして表示したい内容のHTMLファイルを作成しておきます。

　　トリプルにアップロードするHTMLファイルは、Dreamweaver（ドリームウィーバー）やホームページビルダーなどのホームページ作成ソフトで作成可能ですが、一般的なレンタルサーバと異なりPHPなどのプログラムが使えない（JavaScriptは使用可能）などの制限があります。画像やCSSファイルなど参照するファイルはすべてトリプル上にアップロードするか、ストアクリエイターProの画像管理に登録されている必要があり、Yahoo!ショッピング外部の画像を表示することはできません。

　　HTMLの作成ができたら、FTPソフトもしくはトリプル管理画面からHTMLファイルをアップロードします。

トリプル管理画面

>> トップページをトリプルに切り替える

　トリプル用のスマホ版トップページやパソコン版トップページを作成してFTPでアップロードしたあと、お客様がストアクリエイターPro版の通常のトップページに来た場合に、自動的にトリプルのトップページが表示される設定が必要です。

　さきほどの「8 - B-Space・トリプル」から「トリプルリダイレクト設定」を開きます。パソコンとスマートフォンそれぞれリダイレクト（自動転送）ができるように、「リダイレクト開始」をクリックすれば完了です。

リダイレクト設定

　リダイレクト先のURLは固定なので、トップページのファイル名はindex.htmlにしないと表示されません。パソコン版とスマホ版の両方とも

同じURLなので、作成したHTMLはレスポンシブデザイン（パソコンでもスマホでも表示できるデザイン）にするか、画面サイズを判別して自動的にパソコン版かスマートフォン版に切り替える設定にしておきます。

　切り替える設定にする場合は、スマートフォン版を標準にして、画面サイズが大きい場合はパソコン版に転送するようにしましょう。

パソコン版ページの全体的なデザインを編集する

》 新ストアデザイン（パソコン版ページのデザイン）を開く

　先ほど紹介したとおり、Yahoo!ショッピングのパソコン版ページのデザインは、トップページや商品ページなど個別に入力する部分と、**新ストアデザイン**というページ全体のデザインをする部分に分かれます。2021年1月27日に新ストアデザインという新しい編集画面に変更になったので、新ストアデザインの特徴を確認しながら、どのようなデザインにするのが効果的か解説します。

　新ストアデザインでパソコン版ページのデザインを編集するには、編集画面で「新ストアデザイン」となっているタブを開きます。

新ストアデザイン

商品管理	在庫管理	画像管理	カテゴリ管理	新ストアデザイン	反映管理

ナビゲーションメニュー表示項目設定　　　　　　　　　　　　　　　　新ストアデザインマニュアル

ナビゲーションメニューに表示する項目の設定をおこないます。
編集が完了したら「反映」ボタンを押してください。

表示項目選択 (最大7項目) ❓
ナビゲーションメニューに表示したい項目を選択してください。
選択した項目と「問い合わせリンク（表示必須）」がナビゲーションに表示されます。

表示項目	☑ カテゴリ
	☑ ランキング（入稿不要）
	カスタマイズメニュー
	☑ 1　☑ 2　☑ 3　◻ 4　◻ 5　◻ 6

トップページの構成は、このようになっています。設定できる項目は、ページ上部に出る「看板」、ドロップダウンメニューが設定できる「ナビゲーションメニュー」、ページ上部にテキストで表示できる「お知らせ」、ページ下部に出る「フッター」の4種類があります。それぞれ、表示される場所と効果的な使い方が異なるので、うまく活用する方法を順番に紹介します。

トップページでは、以下のようなデザインになっています。左側には検索ボタンとカテゴリページの一覧が表示されますが、この部分のデザインは編集できません。画面では省略していますが、Yahoo!ショッピングでは最上段にYahoo!ショッピングのロゴや検索窓などが表示されるので、お客様が最初にページを開いたときに表示されるエリアは、少なくなっているので注意が必要です。例の「ミツワ酒販」様でも、特に売りたい商品から順番に並べ、目に付きやすくしています。

トップページ構成

　商品ページの構成では、左側に表示されていた、カテゴリ一覧などがなくなります。さらに「お知らせ」が買い物かごの下に移動します。カテゴリ一覧がなくなり、ほかの商品に移動しにくくなるので、「看板」や「ナビゲーションメニュー」をうまく使ってほかの商品を探しやすい構成にしましょう。さらに商品フリースペースなどのHTMLが使える説明文に、同じシリーズなどお客様が気になりそうな商品へのリンクを入れておくと、回遊性が高まります。

　商品情報（説明）はスマートフォン版の商品ページでも最初に表示される説明文でしたが、パソコン版の商品ページでも上部に表示されるので、わかりやすくしておきましょう。

　右の図では省略していますが、「商品フリースペース」と「フッター」の間には、Yahoo!ショッピングが自動的に表示する関連商品などの欄があります。そのため、フッターまで見てくれるお客様はかなり少なくなっています。

商品ページ構成

▶▶ 新ストアデザインの看板を設定する

まず最初に**看板**を設定します。新ストアデザインの画面で「看板」をクリックします。

「看板」という名前ですが、スマートフォン版の看板画像と異なり、一般的なデザインではヘッダーと呼ばれる領域で、HTMLを使って画像などで表示が可能です。お客様が回遊しやすいように、カテゴリへのリンクやイベントのバナーを入れるのがおすすめです。

看板設定

▶▶ サイズ制限があるので注意

看板は表示できるサイズに制限があります。高さ200ピクセル×横幅1290ピクセルの範囲で収まるように入力しないと、スクロールバーが表示されてしまい、とても見づらい内容になってしまいます。HTMLの内容によっては、パソコンやブラウザによって、スクロールバーが出たり出なかったりすることがあります。「看板」の内容を変更したときは、普段使っているブラウザだけでなく、使っていないブラウザでも問題ないかチェックするようにしましょう。

看板にHTMLではない通常の文字を入れた場合、文字サイズを大きめにしているなどのお客様の環境によってデザインが崩れてしまうので、看板に入れる内容は画像だけで構成しましょう。入力できる文字数も5,000文字（半角10,000文字）と少ないので、画像で構成するのがおすすめです。

わかりやすい看板の例

「肌着と靴下 もちはだYahoo!店」様の例では、ジャンルごとにアクセスしやすいように、看板にアイコン画像を入れています。さらに、クーポンなどイベント企画を告知する欄も用意してあるので、お客様にもイベントがわかりやすくなっています。

わかりやすい看板の例1

同様に「愛パック」様でも、扱っている商材である段ボールのサイズ別に、商品が探しやすいようにしています。

わかりやすい看板の例2

Yahoo!ショッピングでは「看板」以外にHTMLを入力できるデザイン欄はないので、このようにお客様が商品を探しやすい構成にするのがおすすめです。

新ストアデザインのナビゲーションメニューを作成する

ナビゲーションメニューは、以下の例で「カテゴリ▽　特徴を説明▽」……とテキストで並んでいる欄です。1行に並んでテキストで配置されるのと、各項目の横にある下矢印を押さないと表示されないのが特徴です。

ナビゲーションメニュー

　お客様が商品を探しやすくするためのメニューを登録しておくのと、「よくある質問」など買い物をするうえでの疑問や不安を解消できるメニューを登録しておくと、効果的です。

　ナビゲーションメニューの設定は、新ストアデザインの画面で「メニュー項目別詳細設定」という欄を開きます。

ナビゲーションメニュー項目別詳細設定

新ストアデザイン共通設定メニュー

ナビゲーションメニュー
- メニュー表示項目選択
- メニュー項目別詳細設定
- 看板
- お知らせ
- フッター

※「新ストアデザイン」で設定した内容は、「反映」ボタンを押すと即時反映されますのでご注意ください。
（画像情報については、反映管理より反映する必要があります。）

※即時反映後、実際の表示はキャッシュの影響で15分程度後となる場合があります。

ナビゲーションメニュー項目別詳細設定

ナビゲーションメニューの項目別詳細設定をおこないます。
編集が完了したら「反映」ボタンを押してください。

※メニュー項目別詳細設定のプレビューでは、カテゴリ／カスタマイズメニュー1から6のナビゲーションが表示されます。
※カスタマイズメニュー1から6について、メニュー名が空白の項目はプレビュー時のナビゲーションに表示されません。

編集したい項目をクリックしてください。
アクティブになっている項目の編集項目が下のスペースに表示されます。

| カテゴリ | カスタマイズメニュー1 | カスタマイズメニュー2 | カスタマイズメニュー3 | カスタマイズメニュー4 | カスタマイズメニュー5 | カスタマイズメニュー6 |

カテゴリ（最大20項目）
「メニュー表示項目選択」で「カテゴリ」を選択した場合は、以下を登録してください。
カテゴリは「ストアカテゴリ（自動生成）」「手動カテゴリ」と合わせて40カテゴリまで表示されます。

| ストアカテゴリ（自動生成） | ○ 表示しない　● 表示する |

　カテゴリへのリンクをどのように表示するか、設定することができます。通常は「自動生成」で「表示する」にしておけば問題ありません。

　ナビゲーションメニューでは、カテゴリ以外のリンクも設定できます。「カスタマイズメニュー1」から「カスタマイズメニュー6」まで用意されているので、どれかをクリックして、表示するパターンを選択します。そして、表示したい内容と画像、リンク先を入力します。

カスタマイズメニュー1

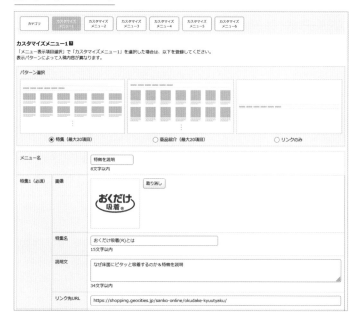

　このように設定をすると、お客様が項目をクリックした時に、以下のようにプルダウンで入力した内容が表示されます。

カスタマイズメニュー2

　カテゴリの設定やカスタマイズメニューの作成が終わったら、「メニュー表示項目選択」を開きます。ページに表示させたいナビゲーションを選んで、「反映」ボタンを押せば、ナビゲーションメニューの作成は完了です。

ナビゲーションメニュー表示項目設定

ナビゲーションメニュー表示項目設定　　　　　　　　　　　　　　　　　新ストアデザインマニュアル

ナビゲーションメニューに表示する項目の設定をおこないます。
編集が完了したら「反映」ボタンを押してください。

表示項目選択（最大7項目）❓
ナビゲーションメニューに表示したい項目を選択してください。
選択した項目と「問い合わせリンク（表示必須）」がナビゲーションに表示されます。

表示項目	☑ カテゴリ
	☑ ランキング（入稿不要）
	カスタマイズメニュー
	☑ 1　☐ 2　☑ 3　☐ 4　☐ 5　☐ 6

プレビュー　　　　　　　　　　　　　　　　　　　　　　　　　反映　キャンセル

≫ 新ストアデザインのお知らせを設定する

　お知らせは買い物かごの下にテキストで表示できる欄です。画像は入れられませんが、掲載期間の設定が可能という特徴があります。また表示できる場所もトップページだと看板の下、商品ページでは買い物かごの下なので、長期休暇のお知らせなど、注文前に確認してほしい内容を入れておきましょう。

お知らせ設定

お知らせ設定　　　　　　　　　　　　　　　　　　　　　　　新ストアデザインマニュアル

お知らせの設定をおこないます。
編集が完了したら「反映」ボタンを押してください。

掲載期間を限定したいお知らせがある場合は、「掲載期間」の欄から指定可能です。
期間が未設定の場合は常時掲載されます。

お知らせ（最大10項目）❓

お知らせ1	お知らせ内容	GW休業日のお知らせ　〜配送について〜　　【5月1日(土)〜5日(水)　の5日間、出荷業務をお休みさせていただきます。】 >> 詳しくは【こちらから】ご確認ください。
		200文字以内
	リンク先URL	https://store.shopping.yahoo.co.jp/sanko-online/gwb5d9b6c8.html
	掲載期間 ※期間を限定した い場合のみ	開始：2021-04-26 13:27 📅 変更 終了：2021-05-09 00:00 📅 変更

≫ 新ストアデザインのフッターを設定する

　最後に、**フッター**を設定します。フッターは言葉のとおり、ページの1

番下に表示される内容です。大きくストア情報、おすすめ商品、フリースペース、インフォメーションなどの欄に分かれています。

このうちフリースペースとインフォメーションはHTMLが利用可能で、5000文字（半角10000文字）まで入力が可能です。

フッター設定

フッターの活用方法は、店舗の決済方法や配送方法など、取引に関する情報を入力します。フリースペースもしくはインフォメーション欄に、HTMLを使ってわかりやすく入力しましょう。

≫ 新ストアデザインを反映する

新ストアデザインの設定ができたら、最後に新ストアデザインの画面で「反映」ボタンを押します。「反映」ボタンを押さないと、お客様が見るページが変更されないので注意してください。

新ストアデザインの反映

　これで、パソコン版ページのデザイン編集は終了です。

第 5 章

店舗全体の
SEO 対策

優良配送マークで
検索順位が大幅アップ

　3章で商品ページのSEO対策をおこないましたが、以下の図のとおり、Yahoo!ショッピングでは商品ページのSEOと、商品の売上、PRオプション、優良配送をミックスした内容で商品スコア（検索での強さ）が決まります。この章では優良配送やPRオプションなど、商品ページのSEO以外の要素について触れたあと、順位チェックのしかたを見てみます。

Yahoo!ショッピングのサーチのロジック

$$\boxed{\text{商品情報の SEOレベル}} \times \boxed{\substack{\text{商品の売上} \\ \text{PRオプション}}} \times \boxed{\text{優良配送}} = \boxed{\text{商品スコア}}$$

≫ 優良配送マークとは？

　Yahooショッピングでは、お届け日数が短い商品については、以下のように「**優良配送**」というマークが検索画面や商品ページに表示されるようになっています。

　検索画面と商品ページに優良配送マークが表示されるだけではなく、優良配送になっている商品は検索順位が大きく優遇されます。さらに優良配送マークがついている商品はお届け日数が短い、ということをお客様も知っているので、商品の転換率も上がり、売上アップになります。

優良配送マーク

「よなよな公式」ビール beer ギフトセット プレゼント gift クラフトビー…

3,850円 送料無料

1%（38円相当）

★★★★★（212件）

優良配送

優良配送マークがついた商品は2021年12月から優遇されていましたが、2022年8月31日から（アプリについては2022年9月13日から）、さらに優遇されるようになりました。

ある店舗の事例を紹介します。こちらの店舗では、30日まではミドルワードで3ページ目（90位以内）に13商品入っており、多くの商品が表示されていました。しかし優良配送の優遇が強化された8月31日には4商品になってしまい、9月1日以降は優良配送マークがついている2商品しか残らなくなってしまいました。

このように、今後のYahoo!ショッピングでは優良配送マークがついている商品でないと、かなり不利になってしまいます。優良配送については、これから記載する手順で、できるだけ対応するようにしましょう。

COLUMN

一部のカテゴリやキーワードは
優良配送の優遇が対象外になっている

オーダーメイド品など、商品のお届けまで時間がかかるカテゴリや、母の日などのギフト系キーワードについては、2022年8月31日からの優良配送強化の対象外になっています。具体的にどのカテゴリが対象外になっているかについては、ストアクリエイターProのマニュアルで確認できます。

検索しているキーワードが優良配送強化の対象外になっているか、以下の「優良配送を優先的に表示しています」というボタンが出るかどうかで、判別が可能です。

優良配送対象カテゴリの表示

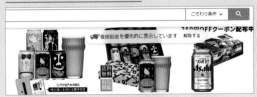

5

≫ 優良配送マークの基準

優良配送マークをつけるためには、単純に商品お届けのスピードが速い
だけではなく、以下2点の条件を満たす必要があります。

● 1. 商品の納期（お届け日）を翌々日にする

商品ごとに設定できる納期と、買い物かごのお届け希望日の設定それぞ
れで、注文日の翌々日までにお届けできる設定になっている必要があります。
出荷日ではなく、お届け日＝お客様に届く日なので、注意してください。翌々
日にお届けなので、遅くとも注文の翌日には出荷する必要があります。

県別の納期を設定することで、お客様の住所で納期が自動判定されます。
たとえば、東京のお客様には翌々日に届くので優良配送マークが表示され
るが、北海道のお客様は3日かかるので優良配送マークが表示されない、
などとなります。

● 2. 出荷遅延率が5％以下

Yahoo!ショッピングでは、注文ごとに出
荷が間に合ったかどうか、出荷遅延率とい
う評価項目があります。

出荷遅延率を確認するには、「4－評価・
レビュー」で「ストアパフォーマンス」を開
きます。

ストアパフォーマンス

4 - 評価・レビュー

ストアパフォーマンス

ストア評価チェックツール
- おすすめ順の検索順位: 通常
- 低評価率: 0.00%（通常ライン）
 ・期間中の注文数: 657件
 ・期間中の低評価数: 0件
 ・集計期間: 01/12-03/12（60日）
 ※違反ライン: 低評価率0.3%以上（かつ低
評価数5件以上）

商品レビューチェックツール

ストア評価（お客様向け）

マニュアル（評価・レビュー）

ストアパフォーマンスの画面を開くと、「発送・配送」という欄に「出荷
遅延率」という項目があります。今日から9日前〜98日前の90日間の注文

で、出荷予定日から発送が遅れた注文があったかを集計しています。この出荷遅延率が5%以内であることが重要です。なお、出荷遅延率の基準は今後変わる可能性があります。

出荷遅延率

>> 発送日情報の設定

優良配送マークをつけるには、まず発送日情報を作成したうえで、商品ごとに納期情報を登録します。発送日情報の作成は、ストアクリエイターProの「3－ストア構築」で「発送日情報設定」を開きます。

発送日情報設定

5

発送日情報を登録・編集する画面になるので、「追加」で新しい発送日情報を作成するか、「編集」ですでに登録されている発送日情報を編集します。文字で当日発送と入れるのではなく、「発送に必要な最大日数」に数字を入れないと、優良配送の設定ができないので注意してください。当日発送をする場合や翌日発送をする場合は、新規に発送日情報を作成するよりも、すでに登録されている管理番号1000または2000を使うのがおすすめです。Yahoo!ショッピングで1000は当日発送、2000は翌日発送と固定になっているので、不具合が起こりにくいためです。

管理番号1000の当日発送を設定するときは、何時までの注文を当日出荷にするか設定しておきましょう。

納期設定

発送日情報管理番号	発送日表示設定	発送に必要な最大日数※1	操作
1	1〜3日	3	編集
2	7月16日以降の発送	未定	編集
1000	[12 ▼] 時までの注文で当日発送　※当日発送可能な注文受付時間を設定してください。	0	更新
2000	翌日発送	1	
3000	入荷待ち	未定	
4000	お取り寄せ	未定	
5000	受注生産	未定	

追加

≫ 商品に発送日情報を登録

　発送日情報が作成できたら、商品の編集画面を開きます。中ほどに「発送日情報（共通）」という欄があるので、「在庫ありのときの発送日表示文言」に発送日情報を登録します。「在庫なしのときの発送日表示文言」はお客様にわかりやすいように「入荷待ち」などの発送日情報を紐づけます。この作業は、商品すべてにおこなう必要がありますので、商品数が多い場合はCSVデータでまとめて設定してください。

発送日情報

COLUMN

母の日や父の日などのギフト商品を 優良配送にするには？

お客様にわかりやすい設定

　たとえば母の日ギフトの商品は、お届け日が母の日なので、普通に商品登録をしたら母の日の直前になるまで、優良配送マークがつきません。そこで、以下のように母の日に合わせて出荷するオプションと、即日出荷できるオプションを作成してみましょう。商品の編集画面の中ほどにある「在庫設定にひもづくオプション・発送日情報設定」の「個別商品設定（サイズ・カラーなどのバリエーション設定）」をクリックして、「項目名」をお届け日などとして、発送日の項目を登録して「在庫表を設定する」ボタンを押します。

個別商品設定

個別商品設定（サイズ・カラーなどのバリエーション設定）

手順1: バリエーションのオプション項目とその値を設定します。
　　　　オプション項目の「項目1」が縦列、「項目2」が横列で表示されます。

オプション

オプション項目1 　　　　　　　　　　　　　　　 ✕

項目名	スペック項目
	項目 1 　　　　　　　 ▼
お届け日	
母の日(5月8日)	項目 1　スペック項目が選択されていないため、スペック値を選択できません。
母の日前日(5月7日)	項目 1　スペック項目が選択されていないため、スペック値を選択できません。
即日発送希望	項目 1　スペック項目が選択されていないため、スペック値を選択できません。

⊕ 選択肢の追加　⊖ 最後の選択肢の削除

[⊕ オプション入力項目追加]

手順2: 「在庫表を設定する」を押下します。

[在庫表を設定する]

　オプションそれぞれの発送日情報を選びます。このとき、即日発送希望のオプションは当日出荷などの発送日情報にするのを忘れないようにしてください。入力したら、「在庫数の反映・個別商品情報の登録をおこなう」ボタンを押して、反映します。

個別商品設定の登録

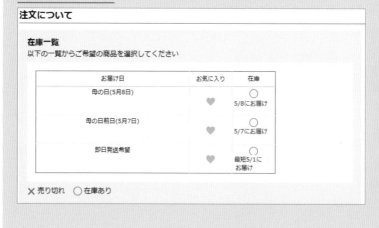

商品ページでは、以下のように母の日に合わせて出荷するオプションと即日出荷のオプションが表示されます。商品のオプションのうち、1つでも優良配送の条件を満たす発送日情報があれば、優良配送の商品になります。

お届け日のオプション

注文について

在庫一覧
以下の一覧からご希望の商品を選択してください

お届け日	お気に入り	在庫
母の日(5月8日)	♥	◯ 5/8にお届け
母の日前日(5月7日)	♥	◯ 5/7にお届け
即日発送希望	♥	◯ 最短5/1にお届け

✕ 売り切れ　◯ 在庫あり

優良配送注文シェア率を意識した設定

　上記の方法だと商品自体は優良配送になりますが、のちほど解説する、優良配送でお届けした注文の割合である優良配送注文シェア率は悪くなってしまいます。優良配送の条件である翌々日にお届けしていないからです。

　そこで、優良配送注文シェア率を高くしたい場合は、商品は即日発送できる設定にしたうえで、お客様に注文画面で、お届け希望日に母の日の日付を入れてもらうようにします。お客様がお届け希望日を入力した場合は、注文日の翌々日にお届けできなくても、優良配送で出荷した注文扱いになります。商品ページにも、お届け希望日についてわかりやすく書いておきましょう。

　わかりやすく書いておいても、お届け希望日を入れないで注文してくるお客様は多く出てきます。そこで、以下のようなオプションを用意します。商品の編集画面で「在庫設定にひもづかないオプション・スペック設定」で、項目名を「お届け希望日が空欄の場合、母の日にお届けします」のようにして、「選択してください」という1個目の選択肢は「選択不可フラグ」にチェックし、「即日出荷希望」や「確認した」などの選択肢を作ります。

　こうすると、お客様は2番目以降の選択肢を選ばないと注文ができなくなるので、母の日にお届け希望の商品なのか、すぐに出荷してほしい商品なのか、わかるようになります。

5

オプション項目の選択不可フラグ

選択不可フラグを選択した場合

　　お届け希望日が空欄だけれども、「確認した」となっている注文は、注文画面の「お届け希望日」に母の日の日付を入れておくようにしましょう。そうしないと、出荷が遅れている注文になってしまいます。具体的な手順は、このあとの「出荷遅延率を改善するには？」をご覧ください。

　　なお、この本の発売後に、優良配送注文シェア率の条件が変わる可能性があります。

▶▶ 買い物かご設定

◉ お届け日数の設定をおこなう

　商品に発送日情報の紐づけができたら、最後にお届けに必要な日数の設定をおこないます。「3－ストア構築」で「カート設定」の下にある「配送方法、送料設定」をクリックします。

配送方法、送料設定

　配送方法の画面になるので、配送スケジュールの「編集」をクリックします。

配送スケジュール

　お届け希望日の設定を「表示する」にして、最短お届け日の設定の「編集」をクリックします。配送方法がネコポスの場合は「表示しない」にして、同様に「編集」をクリックしてください。

最短お届け日の設定

　県ごとにお届けに必要な日数を入力する画面になるので、それぞれ入力します。優良配送マークをつけるためには、翌々日にお客様に届く必要があるので、当日発送の店舗なら翌日と翌々日の到着に指定した県が優良配送マークの対象になります。翌日発送の場合は、翌日の到着に指定した県が対象です。

　配送会社からお届けに必要な日数の情報はもらえるので、それをもとに入力します。無理な設定にしてしまうと配送遅延になってしまい、お客様に迷惑をかけるので注意します。「最短お届け日の注文締切時間」で何時までの注文なら最短お届け日でお届けできるか、設定しましょう。たとえば12時までの注文を当日中に出荷している場合は「12：00」にしておきます。

最短お届け日の設定

都道府県名	最短お届け日						お届け希望日の選択可能期間	最短お届け日の注文締切時間
	一括セット						一括セット	一括セット
	○ 当日お届け	◉ 翌日お届け	○ 翌々日お届け	○ 発送日+ [ ] 日で配送	○ 指定不可	コピー	[7] 日間 コピー	24:00 ∨ コピー
北海道	○ 当日お届け	○ 翌日お届け	◉ 翌々日お届け	○ 発送日+ ■ 日で配送	○ 指定不可		[7] 日間	24:00 ∨ までに注文
青森県	○ 当日お届け	○ 翌日お届け	◉ 翌々日お届け	○ 発送日+ ■ 日で配送	○ 指定不可		[7] 日間	24:00 ∨ までに注文
岩手県	○ 当日お届け	○ 翌日お届け	◉ 翌々日お届け	○ 発送日+ ■ 日で配送	○ 指定不可		[7] 日間	24:00 ∨ までに注文
宮城県	○ 当日お届け	○ 翌日お届け	◉ 翌々日お届け	○ 発送日+ ■ 日で配送	○ 指定不可		[7] 日間	24:00 ∨ までに注文
秋田県	○ 当日お届け	○ 翌日お届け	◉ 翌々日お届け	○ 発送日+ ■ 日で配送	○ 指定不可		[7] 日間	24:00 ∨ までに注文
山形県	○ 当日お届け	○ 翌日お届け	◉ 翌々日お届け	○ 発送日+ ■ 日で配送	○ 指定不可		[7] 日間	24:00 ∨ までに注文
福島県	○ 当日お届け	○ 翌日お届け	◉ 翌々日お届け	○ 発送日+ ■ 日で配送	○ 指定不可		[7] 日間	24:00 ∨ までに注文
東京都	○ 当日お届け	◉ 翌日お届け	○ 翌々日お届け	○ 発送日+ ■ 日で配送	○ 指定不可		[7] 日間	24:00 ∨ までに注文
神奈川県	○ 当日お届け	◉ 翌日お届け	○ 翌々日お届け	○ 発送日+ ■ 日で配送	○ 指定不可		[7] 日間	24:00 ∨ までに注文
埼玉県	○ 当日お届け	◉ 翌日お届け	○ 翌々日お届け	○ 発送日+ ■ 日で配送	○ 指定不可		[7] 日間	24:00 ∨ までに注文

◎ お届け希望時間の設定をおこなう

　地域によっては、翌日の午前中は無理だけど午後なら届けられる、という場合があります。その場合は「お届け希望時間帯ごとの注文締切時間の設定（任意）」で設定します。お届け希望日の設定画面で、「お届け希望時間帯ごとの注文締切時間の設定（任意）」の「編集」をクリックします。

お届け希望時間帯ごとの注文締切時間の設定

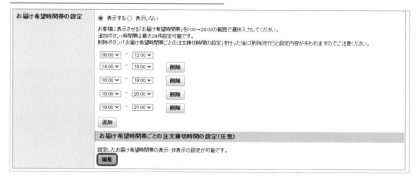

　都道府県ごとの時間指定を設定できる画面になります。たとえば、東京は午前中の指定だと無理だが、午後なら届けられるという場合は、「08:00～12:00」の東京都の欄で「時間指定不可B」にしておき、お届けに必要な日数を翌日にすると、東京に住んでいるお客様が見たときに優良配送マークがつきます。

都道府県ごとの時間指定

お届け希望時間帯	08:00～12:00	14:00～16:00	16:00～18:00	19:00～20:00	19:00～21:00	最短お届け希望日の注文締切時間
注文締切時間	一括セット 24:00 コピー	一括セット 24:00 コピー	一括セット 24:00 コピー	一括セット 24:00 コピー	一括セット 24:00 コピー	
北海道	時間指定不可B	12:00	12:00	12:00	12:00	12:00
青森県	12:00	12:00	12:00	12:00	12:00	12:00
岩手県	時間指定不可B	時間指定不可B	時間指定不可B	時間指定不可B	12:00	12:00
宮城県	時間指定不可B	時間指定不可B	時間指定不可B	時間指定不可B	12:00	12:00
秋田県	時間指定不可B	時間指定不可B	時間指定不可B	12:00	12:00	12:00
山形県	時間指定不可B	時間指定不可B	時間指定不可B	12:00	12:00	12:00
福島県	時間指定不可B	時間指定不可B	時間指定不可B	12:00	12:00	12:00
東京都	時間指定不可B	12:00	12:00	12:00	12:00	12:00
神奈川県	12:00	12:00	12:00	12:00	12:00	12:00
埼玉県	時間指定不可B	12:00	12:00	12:00	12:00	12:00

これで、商品に優良配送マークを表示する準備が整いました。

❯❯ 出荷遅延率を改善するには？

出荷遅延率は、商品ごとに設定していた納期よりも遅れて出荷した場合にカウントされます。出荷遅延率を改善するには、大きく3つの点に気をつける必要があります。

● 1. 注文数の予測をして対応する

Yahoo!ショッピングでセールが開催されたり、自店舗でセールをおこなうなど、対応できないほどの注文が来そうなときには、納期設定を伸ばしておいたり、配送スタッフのシフトを変更して多く出荷できるようにするなど、前もって対策をしておきましょう。

● 2. 出荷したら出荷済にする

出荷はすでに済んでいるのに、ストアクリエイターProで注文を出荷済みにするのを忘れていた場合、出荷遅延になってしまいます。出荷作業が完了したら、必ずストアクリエイターProで出荷済みにすることを、受注管理の業務フローにしておきましょう。

● 3. お客様からお届け希望日の変更依頼があった時は、注文情報を変更しておく

特にミスをしてしまう店舗様が多いのが、注文後にお客様からメールや電話などでお届け日の変更依頼があった時です。お客様から依頼があった時は、必ずストアクリエイターの注文情報でお届け希望日と出荷日を変更しておきましょう。変更しておかないと、出荷が遅延している注文という扱いになってしまいます。

受注管理システムを使っている場合は、受注管理システムにお届け希望

日と出荷日を入力するだけでなく、ストアクリエイターProの注文情報で
お届け希望日と出荷日を更新する必要があります。受注管理システムによっ
ては、システムにお届け希望日と出荷日を入れたら、ストアクリエイター
Proのお届け希望日と出荷日を更新してくれるソフトもあるので、開発元
に確認してください。

　お届け希望日と出荷日を更新する具体的な方法は、以下のようにおこな
います。ストアクリエイターProで注文情報を開いて、「お届け情報」とい
う欄の「編集」をクリックします。

お届け情報を編集

　「お届け希望日」と「出荷日」という項目があるので、「お届け希望日」に
はお客様がお届けを希望している日、「出荷日」には実際に商品を出荷す
る日を入力します。

お届け希望日／出荷日

COLUMN

メール便でも優良配送マークが可能

　優良配送マークがつく条件として、注文日から翌々日にお客様にお届けする必要があるので、メール便だと配送に時間がかかってしまい優良配送マークがつけられないと思いがちです。しかし、設定することでメール便でも優良配送マークをつけることは可能です。

　まず、ヤマト運輸のネコポスについては、宅配便と同じ配送日数をヤマト運輸が保証しています。宅配便と同じなので、ネコポスの配送スケジュールで翌日着に設定すれば優良配送になります。

　ゆうパケットとクリックポストについては、郵便局のお届け日数検索で調べると、関東から関東に送るなど同一地域だと翌日、関東から関西に送るなど宅配便で翌日の地域は翌々日のお届けと表示されています。しかし、配送状況によって遅れることがしばしばありますし、日本郵便のサイトでも「おおむね翌日から翌々日」とお届け日数の保証をしていないので、優良配送の設定にすることはおすすめできません。飛脚メール便では、さらに日数がかかります。

　これらの配送方法でも、ストアクリエイターProで設定をおこなうことで、優良配送にすることが可能です。メール便でしか発送できなかった商品を、メール便と宅配便どちらでも発送できるようにして、お客様が配送方法を選べるようにしておくと、優良配送マークがつきます。

配送方法、送料設定

5

メール便

サービス名	日数	サイズ	重量
ネコポス	宅配便と同じ	31.2cm × 22.8cm × 2.5cm以内	1kg以内
ゆうパケット	おおむね翌日〜翌々日	3辺合計60cm以内、長辺34cm以内、厚さ3cm以内	1kg以内
クリックポスト	おおむね翌日〜翌々日	長さ 14cm〜34cm、幅 9cm〜25cm、厚さ3cm以内	1kg以内
飛脚メール便	3〜4日	長辺40cm以内、三辺合計70cm以内	1kg以内

　まず、ストアクリエイターProのメニューで「3―ストア構築」の「配送方法、送料設定」をクリックします。配送方法の画面になるので、メール便とゆうパックなど宅配便それぞれの配送方法があることを確認します。もしメール便のみの場合は、宅配便の配送方法を作成して、配送スケジュールも設定しておきます。

　次に、「配送グループ設定」をクリックします。

配送グループ

　メール便用の「配送グループ」が登録されているので、その横にある「編集」ボタンをクリックします。

メール便用の配送グループを編集

　「選択可能な配送方法」に、ゆうパックなど宅配便の選択肢を追加し、保存をします。お客様が注文するときは、上にある配送方法が標準で選ばれます。宅配便の配送方法を上にしてしまうと、メール便ではなく宅配便で注文されてしまいますので、注意しましょう。

配送方法を選択

　少ししてから商品ページの「配送方法」を見ると、以下のようにメール便とゆうパック2つの配送方法が選べるようになっています。この例ではメール便は送料無料ですが、ゆうパックについては送料がかかる配送方法になっています。そのため、ゆうパックをお客様が選んでも、送料無料で発送しないといけない、といったことはありません。

更新された配送方法

Yahoo! ショッピング検索で優遇される広告、PR オプションを活用する

≫ PR オプションとは？

　PR オプションとは、ひと言でいうと Yahoo! ショッピングの検索で有利になるための広告です。Yahoo! ショッピングに出店しているすべての店舗が使えるわけではなく、売上金額など一定の基準を満たしている場合に、PR オプションが利用可能になります。

　PR オプション広告の料率は0.1％〜30％まで設定可能で、料率を上げるほど検索で有利になります。商品の販売価格×PR オプション料率の広告料になり、送料や決済手数料は含まれません。たとえば商品価格1,000円、送料500円の商品でPR オプションが5％だった場合、1,000円×5％で50円のPR オプション料がかかります。

　PR オプションの料率を上げることで検索で優遇されますが、すべての売上に対して課金されることに注意してください。検索結果から売れた場合だけではなく、メルマガ経由で売れた場合や広告経由で売れた場合など、

すべての売上が対象になります。

　PR オプションは店舗全体の料率と、商品個別の料率をそれぞれ設定できますが、両方とも設定した場合はどちらか高いほうが優先になります。

≫ PR オプションの料率はどれぐらいにするか？

　PR オプションはライバル店舗も使えるので、あなたが PR オプションを高くしても、ライバル店舗があなたより高くしていたら、効果が出ないということになります。さらに、売上が多い商品の場合は PR オプション料率が低くても商品スコアが高くなりますが、売上が少ない商品の場合は PR オプションを高くしないと、商品スコアが低くなってしまいます。

　ジャンルや商材ごとの平均料率をふまえながら、売上が多い商品ではアクセス数の多いキーワードを狙い、売上が少ない商品ではアクセス数がそれほど多くないキーワードを狙うことで、PR オプションを効果的に活用することができます。

　たとえば、商品の利益率が低いパソコン本体やスポーツ用品（スポーツウェアではなく、バットやゴルフクラブなど純粋なスポーツ用品）、CD やDVD ジャンルは PR オプションを低くしているショップが多く、ある程度売れていたら 1％〜3％ぐらいの低い料率でも効果が出てきます。

　一方、PR オプションが高いジャンルは、商品の利益率が高いジャンル、特に中国で商品を仕入れられるジャンルです。

　中国のメーカーが Yahoo! ショッピングに出店していて、こうした中国メーカー店舗は利益率がとても高いので、PR オプションを 20％以上つけているケースが多くあります。具体的なジャンルでは、ファッション（特にレディースは高い傾向があります）、スマホカバーなどのスマホアクセサリ関連、マットなどのインテリア、マスクなどの衛生用品が挙げられます。

　こうした中国で仕入れられる商材は、弊社の印象では PR オプション料率が最低でも 10％ぐらい必要です。

そのため、中国で仕入れられる商材を扱っている場合は、PR オプション
を無理に上げようとしないで、2章で書いたようにキーワード調査を丁寧
におこなって、ライバルが対策していないキーワードで抜け道を探してい
くことが重要です。

》 PR オプション特典について

店舗全体の PR オプションを設定していると、料率によって特典があり
ます。

● STORE's R∞（ストアーズ・アールエイト）が利用できる

店舗全体の PR オプションを1%以上にすると、**STORE's R∞**（ストアー
ズ・アールエイト）というツールが利用できます。

STORE's R∞は、リピート率など顧客の分析ができたり、ターゲットに
合わせたクーポンの発行ができるなど、お客様育成に効果的なツールです。
STORE's R∞については7章で解説します。

● プロモーションパッケージで料率が上がる

あとで解説するプロモーションパッケージに申し込むと、PR オプショ
ンの料率がさらに上がります。

● 検索以外の場所にも表示される

PR オプションの料率を上げると、検索で優遇される以外にも、さまざま
な箇所に表示されます。

トップページや商品ページの下部に、「この商品を見ている人におすすめ」
など、商品が表示される欄があります。この欄は、その商品と関連性があり、
PR オプションを設定している商品が表示されるようになっています。

おすすめ商品

この商品を見ている人におすすめ

クラフトビール よ	クラフトビール 地ビ	ヤッホーブルーイン	長野県 ヤッホーブル	よなよなエール クラ	クラフトビール 地ビ	クラフトビール 地ビ
なよなエール 35…	ール よなよなエー…	グ よなよなエール…	ーイング よなよな…	フトビール beer 3…	ールインドの青鬼…	ール よなよなの里…
1,892円	1,430円	1,636円	2,911円	4,078円	1,652円	3,114円

PRオプションの設定をする

　PRオプションを設定する場合、店舗全体のPRオプションを設定する方法と、商品個別のPRオプションを設定する方法があります。

▶▶ 店舗全体のPRオプションを設定する

　店舗全体のPRオプションを設定する場合は、ストアクリエイター管理画面で「12－販売促進」の「PRオプション料率設定」の下にある「Yahoo!ショッピング」から設定します。

　「PRオプション料率/特典設定」で、料率を0.1％刻みで設定します。その際、「PRオプション特典」は必ず「申し込む」にしておきましょう。「申し込む」にしておかないと、STORE's R∞（ストアーズ・アールエイト）の特典がつかなくなります。

販売促進－PRオプション料率設定

PRオプションの料率設定

あとで解説するプロモーションパッケージに申し込んでいる場合、PRオプションはすでに3%になっています。プロモーションパッケージの3%分に追加したい料率を、PRオプション欄で設定します。

▶▶ 商品のPRオプションを設定する

商品のPRオプションを設定する場合、商品の編集画面を開きます。商品の編集画面で下の方までスクロールして、「販促情報」の「PRオプション料率」で商品のPRオプションが設定可能です。

商品別PRオプション料率

販促情報	
商品別ポイント倍率 ?	● 全会員ランク一律に設定 商品別倍率指定なし ℹ 全商品一律、商品別の両設定をおこなった場合、商品別設定（本項目）が優先されます。 ※2016年4月1日（金）注文分より、設定倍率プラス1.5%をポイント原資として出店者様にご請求いたします。 一律設定の変更
PRオプション料率 ?	例 12.9 1.0～30.0　小数点第一位まで 一律料率設定の変更

　商品のPRオプションだけを設定した場合、STORE's R∞（ストアーズ・アールエイト）の特典はつかないので注意してください。

▶ 商品のPRオプションの活用方法

　PRオプションは、プロモーションパッケージによる料率アップなどの特典がつくので、基本的には店舗別で設定するのがおすすめです。しかし新商品や、あまり売れていない商品の場合は、商品のPRオプション設定で高くしてみる方法があります。新商品のPRオプションを高くすることで検索順位が上がり、すぐに売れるようになるからです。新商品のPRオプションを高くする場合は、どれぐらいの期間高くするか、あらかじめ決めておきましょう。

▶ PRオプション料率を変化させてうまくいった事例

　PRオプションを高くすれば検索で有利になりますが、当然ながら費用がかかってしまい、残る利益が減ってしまいます。しかし売上が少ない状況だと、PRオプション料率を上げないとなかなか検索経由のアクセスが増えにくいというジレンマがあります。そこで、商材によってはPRオプションを最初は高くしておいて、売上が伸びてきたらPRオプションを下げるという方法があります。

　実際にPRオプションを変化させてうまくいった事例として、サプリや育毛剤を販売されている「アドバンスト・メディカル・ケア」様の事例を紹介します。

　アドバンスト・メディカル・ケア様は楽天とAmazonが中心で、Yahoo!ショッピング店は後発のため伸び悩んでいました。そこで、商品ページのSEOと見た目の修正をまずおこなったあと、PRオプションの料率をライバル店舗よりもかなり高くしました。

　売上金額がPRオプションを上げる前の3倍を超えた時点から、順位の

変動をチェックしながらPRオプション料率を下げていきました。最適な PRオプション料率を試した結果、検索順位はあまり変わらないで継続して売上が伸びており、利益アップにもつながっています。

　なお、アドバンスト・メディカル・ケア様がうまくいった要因として、リピート性の高い商品なので、1回注文していただくと継続して注文していただける、という理由があります。食品などリピート性の高い商品だったら、PRオプションを最初は高くして、売上が伸びてから落とす方法でうまくいきますが、1回注文したらそれで終わり、という商品では効果が低いので注意してください。

　リピート性の低い商材は、次の章で紹介するアイテムマッチの活用がおすすめです。

 # プロモーションパッケージを活用する

5

　2022年10月から、Yahoo!ショッピングでは**プロモーションパッケージ**という新しいプランがはじまりました。プロモーションパッケージ利用料として売上金額の3%の料金がかかりますが、以下の特典があります。

1. PRオプションの料率アップ
2. さまざまなデータが閲覧できるプレミアム統計
3. 専用ヘルプデスク

　さらにプロモーションパッケージに申し込んでいて優良店になっていると、プロモーションパッケージゴールド特典が使える店舗になります。

　検索結果の順位アップの効果が大きいので、プロモーションパッケージ

の費用を払えるなら申し込むのがおすすめです。なお、解約も可能です。

》》 1. PRオプションの料率アップ

　プロモーションパッケージに申し込みをして、店舗全体のPRオプションを一定の料率以上にしていると、PRオプション料率が本来の料率よりもアップします。さらに優良店の場合はプロモーションパッケージゴールド特典がつくので、PRオプション料率が本来の料率よりも大きくアップします。

　プロモーションパッケージの利用料として3％の料金がかかりますが、3％分はPRオプションに充当されます。PRオプションを5％にしたい場合は、PRオプションを2％にすると合計で5％になります。

》》 2. さまざまなデータが閲覧できるプレミアム統計

　プロモーションパッケージ店舗だけが利用できる、**プレミアム統計**が用意されています。2022年10月時点で用意されているのは以下の機能ですが、JANコードがある型番商品向けの機能が多くなっています。

● 適正価格・最安値価格レポート

　JANコードを登録している商品のYahoo!ショッピング内での最安値や、価格帯別の販売ストア数などが確認できます。値段ごとの販売個数もわかるので、型番商品を扱っている場合に便利な機能です。

● 他ストア流出レポート

　商品ページを見たけれど、他店舗で購入した場合のレポートです。JANコード登録している商品の場合は、他店舗で購入した割合などが確認できます。

● 在庫なしアラートレポート

　在庫がないけれど、お客様がよく見る商品を確認できます。

◉ 商品別詳細分析レポート

　販売管理の商品分析で商品別の売上や訪問者数は確認できますが、商品別詳細分析レポートでは離脱率や直帰率、レビュー件数などが確認できます。さらに同じプロダクトカテゴリの平均値とも比較ができるようになります。

◉ 商品ID別ランキングレポート

　Yahoo!ショッピング全体の商品ランキングがカテゴリ別に確認できます。「カテゴリ別製品ランキングレポート」と同じく、カテゴリ第4階層まで確認でき、期間も日次30日、月次で12ヵ月まで確認可能です。

◉ カテゴリ別製品ランキングレポート

　Yahoo!ショッピング全体の、JANコード別のランキングをカテゴリ別に確認できます。

≫ 3. 専用ヘルプデスク

　プロモーションパッケージゴールド特典の店舗だけが使える専用ヘルプデスク（サポート窓口）です。通常店舗のヘルプデスクよりも営業時間が長くなっているのと、電話もつながりやすくなっています。

優良店で検索順位アップ

≫ 優良店とは？

　優良店とは、ストア評価の点数などさまざまな項目をもとに総合的に評価し、評価が高い店舗に表示されるマークです。

　優良店になると、以下のように検索画面で店舗名の横に「優良ストア」

というマークがつきます。さらにプロモーショ
ンパッケージに申し込んでいるとゴールド特典
となり、優良ストアのマークが金色になります。
検索画面によっては店舗名が出ないことがあり、
その場合は優良ストアのマークも表示されません。

優良ストア例

ゴールド特典

≫ 優良店の効果

　優良店になると、検索画面に優良ストアマークがついて目立つだけでな
く、PRオプションの料率が優遇されるという効果があります。優良店になっ
たうえで、店舗全体のPRオプションを一定料率以上に設定していること
が条件ですが、本来のPRオプション料率よりも料率がアップします。

　どのぐらいアップするかは、Yahoo!ショッピングで随時変更されていま
すが、おおよそ1.2倍〜1.3倍ぐらいの効果になることが多いようです。そ
のため、PRオプションを7%に設定して優良店になると、PRオプションを
9.1%にしているのと同じ効果になります。

　優良店になったうえでプロモーションパッケージに申し込んでいる場合
は、プロモーションパッケージゴールド特典という特典がつき、さらにPR
オプション料率がアップします。

≫ 優良店になっているか確認するには

　優良店になっているか確認するには、「4−評価・レビュー」→「ストア
パフォーマンス」を開きます。

評価・レビュー

月次の優良店評価の下、今月が「優良店が適用」となっていれば、優良店になっています。

ストアパフォーマンス

≫ 優良店になるには？

優良店になるには、大きく3つの必須条件があります。3つの条件すべてをクリアしないと、優良店になれません。

◉ 1. 売上が3ヵ月で600件以上または1,200万円以上

優良店になるには、ストア評価などさまざまな評価項目の前に、過去3ヵ月間の注文件数が600件以上か、過去3ヵ月間の売上が1,200万円以上のど

ちらかを満たしていることが必要です。月に200件の注文件数または月400万円以上の売上を3ヵ月間、継続するイメージです。

　注文件数または売上の条件を満たさないと、どんなに評価がよくても優良店になれないので注意しましょう。

● 2. 優良配送出荷率が50%以上

　2022年10月のリニューアル後から、新しく「優良配送出荷率」という項目ができました。出荷した注文のうち、優良配送の対象になった注文の割合で計算します。商品が優良配送になっているかではなく、注文を優良配送で出荷したかどうかで判定されるので、注意してください。メール便と宅配便の両方を選べる設定にしていた場合、お客様がメール便で注文してきたら優良配送出荷にはなりません。

　優良配送出荷率は、「7－販売管理」の「全体分析」で確認ができます。優良配送という項目の売上シェア率が、優良配送出荷率です。なお（）の中は前年比なので、（）の前の数字に注意します。売上シェア率が50%以上であることが、優良店の必須基準です。

優良配送出荷率

日付	売上合計値 （前年比）	注文数			優良配送		
		注文数 合計 （前年比）	注文点数 合計 （前年比）	注文者数 合計 （前年比）	売上合計値 （前年比）	売上シェア率 （前年比）	注文数合計 （前年比）
2022/08						60.1%(128.8%)	
2022/07						49.5%(99.8%)	
2022/06						58.9%(116.1%)	
2022/05						48.6%(120.3%)	

● 3. ストアパフォーマンスの総合評価が12点以上で、
　 一定の水準を満たしている

　ストアパフォーマンスの総合評価とは、ストアパフォーマンスの画面で「本

日の優良店評価の達成状況」という欄に表示されている項目です。総合評価は、画面左側にある優良店評価の対象になっているストア評価などの項目以外にも、商品ページの作り込みがちゃんとできているか、ニュースレター（メルマガ）を配信しているかなどの項目も含んでいます。

　総合評価が12点以上になっていて、優良店評価の対象になっている項目が一定水準以上だと、優良店になります。

ストアパフォーマンス総合評価

本日の優良店評価の達成状況　詳細		
優良店評価ランキング上位項目	総合評価	優良配送注文シェア率
10/15　✓ 達成済み	19/28　✓ 達成済み	66/100%　✓ 達成済み

COLUMN

優良店は先々月20日〜先月19日の実績で判定

　2022年10月までは、過去3ヵ月間（98日前〜9日前）の合計で優良店の基準をクリアしていたら、すぐに優良店になれましたが、2022年10月から優良店の判定方法が変更になりました。先々月20日〜先月19日の時点で優良店になっていることが、今月の優良店になる条件です。

　具体的には、たとえば11月に優良店になる場合、9月20日から10月19日の時点で優良店の条件を満たしている必要があります。

優良店判定の対象日

基準日	対象日
9月20日	6月14日〜9月11日
9月21日	6月15日〜9月12日
9月22日	6月16日〜9月13日
9月23日	6月17日〜9月14日
〜	
10月19日	7月13日〜10月10日

5

9月20日の時点で優良店になるには、9月20日の98日前～9日前である6月14日～9月11日の合計で、ストアパフォーマンスなど優良店の条件を達成している必要があります。これを9月21日は6月15日～9月12日の合計、9月22日は6月16日～9月13日の合計、と10月19日まで、達成できた日をカウントしていきます。そして90％以上の日で優良店になっていれば、11月は優良店になります。12月になったら10月20日から11月19日と、また1ヵ月スライドします。

90％なので、月末31日まである月なら28日間、30日までの月なら27日間、優良店の条件を満たすことが必要です。

売上規模の確認

売上と優良配送出荷率の条件を満たしていたら、ストアパフォーマンスの各項目の条件をどのように達成するか、見ていきます。ストアパフォーマンスを確認するには、「4 －評価・レビュー」で「ストアパフォーマンス」を開きます。

まず、売上規模については、以下のようになっています。

ストアパフォーマンス

```
4 - 評価・レビュー                    ∧
┌─────────────────┐
│ ストアパフォーマンス │
└─────────────────┘
ストア評価チェックツール
 - おすすめ順の検索順位: 通常
 - 低評価率: 0.00%（通常ライン）
  ・期間中の注文数: 657件
  ・期間中の低評価数: 0件
  ・集計期間: 01/12-03/12 (60日)
  ・※違反ライン: 低評価率0.3%以上（かつ低
    評価数5件以上）
商品レビューチェックツール
ストア評価（お客様向け）
┌─────────────────┐
│ マニュアル（評価・レビュー） │
└─────────────────┘
```

売上規模

	Good	Bad
注文件数	12,000件以上	1,200件以下
取扱高	150,000,000円以上	24,000,000円以下

売上規模については、優良店の要素としてはそれほど重視されていません。注文件数と取扱高がGoodになっていなくても、優良店になっているショップは多くあります。そのため、最低注文件数または取扱高を割らないようにすれば大丈夫です。

売上規模

売上規模		
注文件数 優良店項目		**取扱高** 優良店項目
☺ 件 ［30日前実績(2/21)：　件］		☺ 円 ［30日前実績(2/21)：　円］
☺ ストア注文件数12,000件以上		☺ 取扱高150,000,000円以上
☹		☹
☹ ストア注文件数1,200件以下		☹ 取扱高24,000,000円以下

≫ 発送・配送の確認

次に発送・配送については、以下のようになっています。

発送・配送

	Good	Bad
出荷の速さ	2日以下	5日以上
出荷遅延率	2.0％以下	20％以上
送料無料率	80％以上	30％以下
お届け日指定可能率	80％以上	30％以下
お届け日指定の最短日数	2.5日以下	5日以上
優良配送注文シェア率	50％以上	

出荷の速さについては、注文が入ってからお届けするまでの日数です。出荷遅延率は先ほど優良配送マークで解説したように、商品の納期から出荷が遅れたかで判定されます。

出荷の速さや出荷遅延率については、お届け希望日が入っている注文は除きます。注文画面で指定されている場合は大丈夫ですが、あとからメールなどでお届け日の希望があったらストアクリエイターのお届け希望日は修正しておきましょう。

お届け日指定可能率は、メール便などお届け日指定ができない配送方法を利用する商品が多いと悪くなります。

優良配送注文シェア率はそもそも50％ないと優良店になれないので、必ずキープするようにしましょう。

(5)

発送・配送

```
発送・配送

出荷の速さ 優良店項目              出荷遅延率 優良店項目
😊1.76日 ∨［30日前実績(9/15):1.79日］   😊0.608% ∨［30日前実績(9/15):0.561%］
対象注文100.000%                対象注文100.000%

送料無料率 優良店項目              お届け日指定可能率 優良店項目
😊97.125% ∨［30日前実績(9/15):97.197%］  😊81.399% ∨［30日前実績(9/15):70.940%］

お届け日指定の最短日数 優良店項目   対象データ⤓   優良配送注文シェア率 優良店項目
😊2.530日 ∨［30日前実績(9/15):2.480日］       😊58.021% ∨［30日前実績(9/15):54.546%］
お届け日指定可能率81.399%

改善提案 お届け指定日を見直し、購買率を上げましょう   改善手順を見る＞
```

≫ キャンセル率・評価の確認

　キャンセル率と評価については、以下のようになっています。キャンセル率と評価は優良店の判定では重視されているので、すべての項目でGoodがつくようにしましょう。1個でもBadがつくと、優良店から外れることが多いので、Goodをキープし続けることが大切です。

キャンセル率・評価

	Good	Bad
ストア都合キャンセル率	0.5％以下	2.5％以上
ストア低評価率	0.050％以下	0.2％以上
商品レビュー低評価率	0.1％以下	1.0％以上
商品レビュー平均点	4.60以上	3.9以下

　ストア都合キャンセル率は、在庫切れなど店舗側に原因があるキャンセルの割合です。店舗側に原因があるのに、お客様都合でキャンセルするのは禁止されており、Yahoo!ショッピングでも定期的にチェックしているので、絶対にしないでください。

　もし欠品してしまった場合は、丁寧にお詫びしたうえで、似たようなほかの商品を提案するなどしてみましょう。

　ストア低評価率は、1,000件の内2件以上、「星2つ（悪い）」と「星1つ（非

常に悪い）」がついたらBadになります。

ストア評価平均点は、店舗への評価点数です。弊社の経験では、ちゃんと運営していれば、4.5ぐらいになります。Goodになるのは4.65以上なので、お客様に評価してもらえるように受注管理体制や梱包のしかたなど、基本的なオペレーションも見直してみましょう。

商品レビュー低評価率と商品レビュー平均点は、商品への評価です。こちらも悪い評価の数と、平均点でそれぞれ評価されます。商品レビューが悪くなる原因で多いのは、価格など記載ミス、商品ページに記載してある納期より遅い、在庫管理が適切でなかった、などです。基本的なオペレーションが整っていれば起きにくい問題ですが、予約注文を受ける場合にこうしたミスが発生するケースが多くあります。想定よりも納期に余裕をもたせるなど、問題が起きにくい運営をおこないましょう。

キャンセル率・評価

≫ 悪い評価がついたときに改善するには？

悪い評価になったのはどの注文か、ストアクリエイターProの管理画面で確認しましょう。「4－評価・レビュー」の「ストア評価チェックツール」を開くと、悪い評価の一覧と、どの注文だったか、確認が可能です。

悪い評価になった注文に対しては丁寧にお詫びをしたうえで、商品が不良だった場合は代替品をお送りするなど、誠実な対応をおこないましょう。

評価の変更をお客様に依頼することは、Yahoo!ショッピングの規約で禁止されているので注意してください。あくまでも、お客様の不満を解消したうえで、お客様が自発的に評価を修正していただけるように対応します。

同様に悪い評価のついた商品レビューについても、「商品レビューチェックツール」で確認ができるので、こちらもお客様の不満が解消できるように、対応をおこないましょう。

ストア評価チェックツール

```
4 - 評価・レビュー                    ∧
ストアパフォーマンス
 ┌─────────────────────────┐
 │ ストア評価チェックツール │
 └─────────────────────────┘
 ─ おすすめ順の検索順位：通常
 ─ 低評価率：0.00％（通常ライン）
   ・期間中の注文数：485件
   ・期間中の低評価数：0件
   ・集計期間：06/14-08/12（60日）
   ・※違反ライン：低評価率0.3％以上（かつ低
     評価数5件以上）
商品レビューチェックツール
ストア評価（お客様向け）
 ┌─────────────────────────┐
 │  マニュアル（評価・レビュー）  │
 └─────────────────────────┘
5 - クーポン                          ∨
6 - ストアニュースレター              ∨
```

≫ 店舗に問題がないのに、悪い評価が来たら？

店舗側に問題がないのに、お客様から一方的に悪い評価をされることもあります。店舗に問題がない悪い評価でも、お客様への連絡はおこなうようにしましょう。お客様が勘違いしているだけかもしれませんし、お客様に勘違いさせてしまった、ということへのお詫びの連絡をすると、評価を変更してくれる可能性があります。

ただし、金品の要求をするなど悪質なクレーマーだった場合には、要求を受けてはいけません。その場合は店舗側に問題がないことを主張して、あまりにしつこいようなら警察に相談すると連絡するなど、毅然とした対応をしましょう。

店舗評価はほかのお客様が閲覧することが可能です。悪い評価があるとお客様が不安に思ってしまうので、店舗評価の返信機能で返信をしておきましょう。悪質なクレーマーだった場合なども、経緯をわかりやすくまとめて、これから注文しようとしているお客様がこの店舗は信用できるな、と思っていただける内容にすることが重要です。

　店舗評価の返信は、「ストア評価チェックツール」の画面で評価の横に
ある「注文情報を確認する」をクリックします。

ストア評価チェックツールから注文情報を確認

　注文情報などの下に「ストアからの返信コメントを投稿する」というリ
ンクがあるので、こちらから返信が投稿できます。

返信コメントを投稿する

COLUMN

低評価が多いとペナルティで検索順位ダウン

　ストア評価の低評価が多いと、検索順位を落とすペナルティがあります。具体的には、低評価率が0.3％以上で、同時に低評価の数が5件以上だとペナルティ対象です。ペナルティになった場合、検索順位が検索結果の1番最後まで落とされてしまいます。なおペナルティの基準はYahoo!ショッピングで定期的に変更されているため、悪い評価が増えた場合はペナルティの条件を確認するようにしましょう。

　時期は未定ですが、低評価率が0.7％以上でストア都合でのキャンセルが10件以上に変更が予定されています。

❯❯ 問い合わせ対応の確認

　最後に、問い合わせ対応は以下のようになっています。

問い合わせ対応

	Good	Bad
お問い合わせ率	5％以内	10％以上
回答の早さ	12時間以内	48時間以上

　お問い合わせ率は、注文されたお客様からの問い合わせがどれだけあったかという項目です。注文したけれど、わからない点があったり、出荷が遅れているなどの理由でお客様が問い合わせをしてきたということなので、お問い合わせ率は低いことが評価される項目です。注文を受けたら送るサンクスメールをわかりやすくするなど、注文後に不明点が出にくいようにしましょう。

　回答の早さは、お客様が質問をしてきてからどれだけ早く回答ができているかという項目です。回答の早さは、2022年10月からお問い合わせ率が5％以上でGoodになっていない場合のみ、評価される項目になりました。12時間以内で高評価になるので、朝の受注業務をはじめる前と、午後の受

注業務を終了する前にかならず確認して、早く回答をするようにします。

問い合わせ対応

　問い合わせ対応の下にも商品情報などの項目がありますが、商品情報などの項目は優良店では採用されていない項目です。そのため、まず優良店の対象になっている項目をしっかり対策していきましょう。

優良配送注文シェア率を上げるには？

5

　優良店になるためには、優良配送注文シェア率が50%以上であることが必須ですが、優良配送注文シェア率をどうやったら上げられるか、具体的な方法を解説します。

≫ 優良配送注文シェア率の条件

　まず優良配送注文シェア率は、以下の条件をすべて満たした注文が含まれます。

◎ 1. 優良配送に対応している配送方法で注文されていること

　先ほどメール便と宅配便を選べる設定を紹介しましたが、メール便（ネコポス以外）で注文された場合は優良配送注文にはなりません。

◉ 2. 注文した日に、商品が優良配送になっていたこと

　土日にお休みの店舗の場合、金曜日の夜や土曜日は商品が優良配送になっていません。土曜日の翌々日である月曜日に、お客様に届く必要があるからです。

◉ 3. お届け先の住所が2日以内に配送できる住所であること

　東京都から大阪府のお客様に送るなど、注文日の翌々日着ができる住所がお届け先になっている必要があります。

　翌々日よりあとのお届け希望日が入っていて、お届け希望日までにお届けできた場合は、優良配送注文としてカウントされます。

≫ 優良配送注文シェア率を上げる対応

　優良配送シェア率を上げるには、先ほどの3点をそれぞれクリアしていくことが重要です。

◉ 1. 優良配送に対応している配送方法で注文されていることへの対応

　メール便商品がある場合は、ヤマト運輸のネコポスと契約して、ネコポスで送るようにしましょう。ネコポスは宅配便と同じ配送日数なので、優良配送に対応しています。

◉ 2. 注文した日に、商品が優良配送になっていることへの対応

　注文数に対するシェア率なので、Yahoo!ショッピングのイベントがある日など、売上が伸びる日に優良配送に対応していることが重要です。土日にイベントがある場合は、シフトを組んで日曜日も出荷するなど、優良配送で多くの注文を出荷できるようにしましょう。Yahoo!ショッピングの売上が伸びる日は、Yahoo!ショッピングの営業担当に聞くのが確実です。

3. お届け先の住所が2日以内に配送できる住所であることへの対応

首都圏など、人口が多い地域に優良配送でお届けできることが重要です。首都圏へ優良配送できないと、シェア率50％は不可能になるので、外部倉庫への委託を検討してみましょう。

順位チェックをして、PDCAを実行する

商品の検索対策と、優良店など商品以外の検索対策も終了したら、次は効果があったか順位チェックをします。Yahoo!ショッピングの検索は遅くて半日ぐらいで反映されます。検索対策の前に、キーワードごとの順位をチェックして記録しておき、翌日にチェックすれば検索対策の内容が順位に反映されています。

▶▶ Yahoo!ショッピングからログアウトしておく

順位のチェックをする前に、Yahoo!ショッピングからログアウトしておきましょう。Yahoo!ショッピングでは、自分が見たことのある商品が上位に出やすくなっています。そのため、商品の編集をしていたアカウントで順位チェックをすると、実際より高い順位になってしまうことがあります。

ログアウトするには、Yahoo!ショッピングの画面で最上部に出ている「ようこそ○○さん」となっている部分をクリックします。

ログアウト

YAHOO! ショッピング　ようこそ、Yahoo!プレミアム会員の テスト用 さん

何をお探しですか？　　　　こだわり条件 ∨　　🔍検索する

Yahoo! JAPANの画面に切り替わるので、右上の「ログアウト」ボタンを押します。

》 順位チェックをおこなう

ログアウトができたら、Yahoo!ショッピングの検索で狙っていたキーワードで検索してみて、順位が上がっているかチェックします。

自分でチェックするのが面倒な場合は、以下のようなYahoo!ショッピング検索の順位チェックツールも各社から提供されているので、利用を検討してみてください。

● 新・検索順位チェックツール

アルゴノーツ株式会社が提供している、Yahoo!ショッピングの検索順位チェックツールです。アルゴノーツ株式会社ではキーワード一括更新ツールなど便利なツールを多数提供しています。

▶新・検索順位チェックツール

https://argonauts-web.com/service/seotools.html

● Yahoo!ショッピングSEO改善

弊社で提供している、Yahoo!ショッピングの検索順位チェックツールです。ツール上で商品の編集がおこなえるので、商品の修正をおこなった結果がどうだったか、簡単にPDCAすることができます。

▶Yahoo!ショッピングSEO改善システム

https://www.aldo-system.jp/yahoo-shop-seo-pdca/

≫ 順位が上がらなかった場合は？

狙っていたキーワードに合わせて商品ページの修正をおこなったけれど、順位が上がらない、というのはよくあることです。順位が上がらない場合は、ライバル店舗の売上実績が高いか、ライバル店舗がPRオプションを高くしているか、のいずれかです。

順位が上がらなかった場合は、ライバル店舗が少なそうなほかのキーワードを探して、また対策をし直すのがおすすめです。たとえば、2単語のキーワードで対策をして順位が上がらなかった場合は、3単語のキーワードで対策をしてみます。

商品のジャンルによっては、PRオプションを高くしないと検索順位が上がらないことがあります。いくつかのキーワードで対策をしても上がらない場合は、PRオプションを上げることも検討してください。PRオプションを上げた場合も、順位チェックは翌日におこなえば大丈夫です。

≫ 順位が上がった場合は？

順位が上がった場合は、1〜2週間程度、定期的に順位チェックをして順位が落ちていないことを確認しながら、アクセス数と売上が増加したかチェックします。

● 順位は上がったがアクセス数が増えない場合

1〜2週間経ってアクセス数がほとんど増えなかった場合は、狙っていたキーワードで検索するお客様が少なかったか、商品にマッチしていないキーワードを狙っていたかのどちらかです。特に、商品画像が狙っていたキーワードにマッチしていないと、クリックされないので注意が必要です。この場合も、ほかのキーワードを探してチェックします。

● 順位は上がり、アクセス数と売上も増加した場合

　1〜2週間経ってアクセス数も増え、売り上げも増えている場合は、順位チェックを継続してください。順位がさらに上がってきたら、商品の売上実績がついて商品スコアが上がった、ということです。当初対策したときよりも大きく順位が上がったら、次のキーワードを狙います。目安としては、当初の順位より半分以下の順位に上昇した時点です。たとえば、対策して20位になった商品が10位まで上がってきたら、次のキーワードを狙います。

　商品スコアも上がっているので、最初に狙っていたキーワードよりもライバル店舗が多いキーワードを狙うことができます。たとえば「マスク おしゃれ メンズ 黒」というキーワードで順位が上がったら、「マスク おしゃれ メンズ」と単語を減らしたキーワードの上位を狙ってみたり、似たようなキーワードである「マスク おしゃれ 日本製」などを狙ってみます。

　このように、Yahoo!ショッピングでの検索対策は1回やって終わりというものではなく、定期的に順位チェックをしながら、商品の状況に合わせて対策するキーワードを変更したり、追加したりすることが重要です。

第 **6** 章

売上アップにつなげる
キーワード広告の
活用法

Yahoo! ショッピングのキーワード広告、アイテムマッチとは？

　Yahoo!ショッピングで売上を順調に伸ばしている店舗のほとんどが利用しており、売上アップに必須といえるのが**アイテムマッチ**というキーワード広告です。実際に弊社のクライアント様でも、売れている店舗様では売上の半分はアイテムマッチ経由の売上になっているなど、売上アップに大きく貢献しています。

　なお、Yahoo!ショッピングの管理画面などでストアマッチと表示されていることがありますが、ストアマッチとアイテムマッチは同じ意味です。昔はストアマッチという広告枠の中に、「ストアのおすすめ」という広告とアイテムマッチの両方がありましたが、現在はアイテムマッチに統一されたので、ストアマッチ＝アイテムマッチになります。

アイテムマッチ

≫ アイテムマッチが表示される箇所

アイテムマッチとは、図のように検索画面の1番上に表示される広告で、通常検索で表示される商品とは「PR」というマークがついていることで区別できます。表示されるアイテムマッチの枠数は限られていますが、通常の検索よりも上位に出せるのが大きなメリットです。

検索結果以外にも、カテゴリリスト（Yahoo!ショッピングのジャンルごとのページ）や季節販促ページ（Yahoo!ショッピングが季節ごとにおこなう販促企画）、さらに最近は商品ページにも掲載されるようになりました。ページごとに掲載される商品数は、以下のとおりです。

アイテムマッチの表示される箇所

機種	パソコン	スマートフォン	アプリ	タブレット
検索結果	上部4枠、下部6枠	上部4枠、下部4枠	上部2枠	上部4枠、下部6枠
カテゴリリスト	上部4枠、下部6枠	上部4枠、下部4枠	上部2枠	上部4枠、下部6枠
商品ページ	下部7枠	下部9枠	下部8枠	ページによる
季節販促	ページによる	ページによる	ページによる	ページによる

● 検索結果

Yahoo!ショッピングでは検索結果からのアクセスが全体の半分と多く、さらにスマホアプリの売上割合が1番多くなっています。アイテムマッチで狙っているキーワードの2番目までに入ると、アプリで上部に表示されるので、大きな売上アップが可能です。

Yahoo!ショッピングの検索結果は自動で次のページが表示される設定になっているので、1ページ目から2ページ目に切り替わるときは、たとえばパソコン版ページでは以下のように、1ページ目の下部6商品と2ページ目の上部4商品で10商品が並んでいるように見えることがあります。

ページ切り替わりでの表示

● カテゴリリスト

　Yahoo!ショッピングでは、カテゴリリストからのアクセスが全体の2割と検索結果の次に多いので、カテゴリリストも重要です。

　カテゴリリストにアイテムマッチで表示するには、該当するプロダクトカテゴリに商品が登録されている必要があります。カテゴリリストに表示されるアイテムマッチの見え方や枠数については、検索結果と同様です。

● 商品ページ

　商品ページにもアイテムマッチで表示される枠が用意されています。ただし、商品ページでもかなり下の方で、「この商品を見た人は、こんな商品にも興味を持っています」などYahoo!ショッピングが自動的に表示する商品がいろいろ表示されたあとに表示されます。そのため、商品ページからのアイテムマッチのアクセスはあまり期待できません。

商品ページでの表示

▶ アイテムマッチの費用

　アイテムマッチはクリック課金型の広告で、最低単価は1クリック25円になっています（2022年10月3日まではジャンルによって最低単価が10円または15円でしたが、変更されました）。

　必要な予算も、前払いの場合はクレジットカード入金で初回1万円から試すことができ、また審査により後払いで利用した分だけの請求も可能と、少ない金額でスタートすることが可能です。

▶ アイテムマッチの効果

　アイテムマッチは、とても効果の高い広告です。弊社で運用していて、Yahoo!ショッピングだけでなく、ほかのインターネット広告と比べてもここまで費用対効果が高い広告はほとんどないぐらい効果が高いと感じます。実際の効果は、弊社の推定値ですがROAS（費用対効果）で900％ぐらいありました。2022年10月からは最低入札単価が今までの10円または15円から25円になったので、ROASは悪くなっていると思われますが、それでも似たようなキーワード広告である楽天のRPP（Rakuten Promotion Platform）のROASと比べると、2倍ぐらい効果が高くなっています。

6

アイテムマッチのはじめ方

アイテムマッチは、設定をしたらすぐにはじめることができます。アイテムマッチを利用するための具体的な手順を解説します。

すでにアイテムマッチを使っている店舗様は、次の「アイテムマッチに表示されるには商品のSEOが重要」をご覧ください。

▶ アイテムマッチの登録をおこなう

アイテムマッチログイン

アイテムマッチをはじめるには、まずアイテムマッチ管理画面で登録をおこないます。ストアクリエイターの管理画面で、「10－出店者様向け広告」に「ストアマッチ（アイテムマッチ）」という項目の下に「アイテムマッチログイン」という項目があるので、ここをクリックします。初回のみ、アイテムマッチの説明と同意画面が表示されるので、同意します。

≫ クレジットカードで入金する

アイテムマッチの同意ができたら、アイテムマッチ広告の予算を入金します。2013年10月23日以降に開店した店舗様の場合、アイテムマッチ広告はクレジットカードでの前払いまたは銀行振込になっています。

広告予算は最低1万円から入金ができますが、消費税として10%分の金額が差し引かれるので、1万円入金したら残高に反映されるのは9091円になります。

COLUMN

後払い決済にするには？

クレジットカードまたは銀行振込での事前入金ではなく、後払い決済にしたい場合は、申請をして審査が通れば可能になります。

後払い決済の場合は、月末までの利用金額を翌月に請求され、支払い期限は翌月末までになります。

後払い決済の申請は、アイテムマッチのヘルプから可能です。なお一度後払い決済にしたあとは、前払い決済に戻すことはできません。

---

⑥

≫ アイテムマッチの予算を設定する

クレジットカードでの入金ができたら、アイテムマッチの広告予算をどれぐらいかけるか、設定します。アイテムマッチ管理画面の「予算」タブで「予算管理」を選びます。

予算管理

ホーム	実績・明細 ▼	アイテムマッチ ▼	予算 ▼	ブースト予約 ▼	アカウント情報

予算管理	予算管理
現在の入金残高　　　　　　円	入出金履歴
入出金履歴	予算設定履歴

次の画面で、「予算上限」の横にある「予算上限の変更」をクリックします。

上限金額の変更

「月次」または「日次」でどれぐらいの広告費を使うか、金額を入力して「送信」ボタンを押します。ここで入力する予算は上限なので、入力した金額のとおりに利用されないことがあります。予算はいつでも変更できるので、ある程度余裕を持った金額を入力するのをおすすめします。

設定の変更を送信

≫ アイテムマッチで広告に出したい商品を選ぶ

アイテムマッチで広告に商品を出すには、商品を選んで1クリックあたりの入札金額を設定すれば可能です。広告に出したい商品の選び方は、大きく4つの方法があります。

◐ 1. 商品コードを直接入力して選ぶ

特定の商品だけ、アイテムマッチで広告に出すときにおすすめの方法です。アイテムマッチ管理画面に入り、「アイテムマッチ」のタブで「個別入札」をクリックします。

個別入札

Store**Match**					ログアウト
ホーム	実績・明細 ▼	アイテムマッチ ▼	予算▼	ブースト予約 ▼	アカウント情報

管理者からのお知らせ

- 全品おまかせ入札
- 全品指定価格入札
- 全品入札履歴・編集
- 個別入札
- 広告管理

「商品検索」のタブをクリックしたあと、「商品コード」欄にアイテムマッチに出したい商品の商品コードを入力して、「検索」ボタンを押します。検索は前方一致なので、途中まで入力するだけで大丈夫です。

6

商品検索

Store**Match**					ログアウト
ホーム	実績・明細 ▼	アイテムマッチ ▼	予算▼	ブースト予約 ▼	アカウント情報

アイテムマッチ 個別入札

カテゴリ選択	カテゴリ検索	**商品検索**	履歴から選択	商品一括入札/削除	広告管理

商品コード：　　　　商品コードを入力してください　　　　　　　　　　　　 検索

商品検索結果(最大10件まで)

検索結果が表示されます。

商品が表示されたら、商品の横に表示されているカテゴリ（この場合はキッチン、日用品、文具＞カタログギフト）をクリックします。

カテゴリ

先ほどクリックしたカテゴリに、登録されている商品が表示されます。商品コードを入力した商品は、すでにチェックがついています。同じカテゴリにある商品は、まとめてチェックを付けてアイテムマッチに出すことが可能です。

チェックを付けたら、「入札金額を入力」ボタンを押します。

入札金額を入力

アイテムマッチの入札画面には、「入札価格8位以内に入札する金額は243円」のように出ていて、高い金額にしないと広告が表示されないと勘違いする人が多くいます。この画面に出ている入札金額は無視して、安い金額で入札して大丈夫です。まずは安い金額で入札して、アクセス数が増えないなら金額を高くしていきましょう。

最後に1クリックあたりの入札金額を入力して、「入札金額を確定」ボタンを押したら、アイテムマッチの商品登録は完了です。

入札金額を確定

COLUMN

「入札価格8位以内に入札する金額は○○円」とは？

アイテムマッチの入札画面で、「入札価格8位以内に入札する金額は○○円」という表示があります。この金額を見て、○○円以上にしないと8位に表示されないと思いがちですが、ここに出ている金額はそのカテゴリ内のアイテムマッチで入札価格が8番めである、ということだけです。

実際にアイテムマッチに表示されるには、後ほど解説するようにキーワードごとの売上、SEOなどの商品ランクと入札金額で評価されるので、この金額はあまり気にしないで入札して大丈夫です。

● 2. カテゴリの名前を検索して選ぶ

特定のカテゴリに登録されている商品をまとめてアイテムマッチに出す場合に、おすすめの方法です。アイテムマッチ管理画面に入り、「アイテムマッチ」のタブで「個別入札」をクリックし、「カテゴリ検索」のタブをクリッ

クします。

カテゴリ検索

「カテゴリ名」にキーワードを入れて「検索」ボタンを押すと、キーワードが含まれているカテゴリの一覧が表示されます。

　アイテムマッチに出したい商品が入っているカテゴリの横にある「商品選択」ボタンを押します。

カテゴリから商品選択

「商品選択」ボタンを押したあとは、商品コードを直接入力する方法と同じ流れです。アイテムマッチに出したい商品にチェックを付けて「入札金額を入力」ボタンを押し、入札金額を入れて「入札金額を確定」ボタンを押したら完了です。

3. カテゴリからしぼり込んで商品を選ぶ

　どのカテゴリに商品が登録されているかわかっていないときには、カテゴリから商品をアイテムマッチに出す方法を使います。アイテムマッチ管

理画面に入り、「アイテムマッチ」のタブで「個別入札」をクリックし、「カテゴリ選択」のタブをクリックします。

カテゴリの表示に時間がかかりますが、少し待つと商品が登録されているカテゴリが表示されます。

カテゴリ選択

「大カテゴリ」、「サブカテゴリ」と順番にカテゴリをクリックしていくと「商品選択」というボタンが出てくるのでクリックします。

大カテゴリ、サブカテゴリから商品選択

「商品選択」というボタンをクリックしたあとは、商品コードを直接入力する方法と同じ流れです。アイテムマッチに出したい商品にチェックを付けて「入札金額を入力」ボタンを押し、入札金額を入れて「入札金額を確定」ボタンを押したら完了です。

4. CSVデータでまとめて商品を登録する

アイテムマッチに出したい商品が多い場合は、CSV形式のデータでまとめて登録することができます。アイテムマッチ管理画面に入り、「アイテ

ムマッチ」のタブで「個別入札」をクリックし、「商品一括入札 / 削除」の
タブをクリックします。

商品一括入札 / 削除

アイテムマッチ用のCSVデータは、エクセルでも作成することが可能です。
　A列に商品コード、B列に入札金額を入れますが、商品コードは店舗ア
カウント（店舗ページでhttps://store.shopping.yahoo.co.jp/○○○○/ の
○○○○の部分）を先頭に入れて、_ （アンダーバー）で商品コードとつな
ぎます。たとえば店舗アカウントがaaa-shop、商品コードが1234の商品の
場合、aaa-shop_1234となります。
　CSVデータが準備できたら「ファイルアップロード」の「ファイルを選択」
で作成したCSVデータを選び、「アップロード」ボタンを押します。
　次の画面でCSVデータの内容が表示されるので、「登録・更新を実行す
る」を押したら完了です。

登録・更新を実行する

COLUMN

登録した商品がアイテムマッチで登録できるまで、1～2日かかる

　ストアクリエイターで新しい商品を登録したら、すぐにアイテムマッチで広告を出したくなりますが、アイテムマッチ管理画面で表示されるまで時間がかかります。おおよその目安として、お昼の12時までに登録した商品は翌日の12時以降、12時を過ぎて登録した商品は翌々日の12時以降になります。

　このため、新商品を登録したのにアイテムマッチに広告を出し忘れる、ということが起こりやすくなっているので、タスク管理ツールに入れておくなどして、忘れないようにしましょう。

❯❯ 検索結果に商品が表示されるのを待つ

　アイテムマッチに商品を登録しても、検索結果に表示されるまでしばらく時間がかかります。おおよそ、数時間～半日ぐらいかかることが多いようです。さらに、アイテムマッチで表示したいと思ったキーワードに表示するには、入札金額を高くしたり商品情報を編集するなどの対策が必要です。どのようにしたら表示したいキーワードで出せるかは、次の「アイテムマッチに表示されるには、商品のSEOが重要」で解説します。

❯❯ すでに登録されているアイテムマッチの変更や登録解除をするには？

　すでに登録されているアイテムマッチの商品を入札金額の変更や登録の解除をする時も、登録する時と手順は同じです。

　「商品検索」や「カテゴリ検索」、「カテゴリ選択」などそれぞれの画面から変更・解除したい商品のアイテムマッチ画面を開きます。

　入札金額を変更したい場合は、「入札価格」の欄の金額を変更して「入札金額を確定」ボタンを押します。掲載を解除したい場合は、左側のチェックを付けたうえで「掲載解除」を押します。

6

アイテムマッチの変更

アイテムマッチに表示されるには、商品のSEOが重要

　アイテムマッチは検索結果やカテゴリリストに表示される広告ですが、どのような順序でアイテムマッチに商品が表示されるのでしょうか？

　まず検索結果での表示順序を単純に説明すると、以下の図のようになっています。なお、以下の内容はYahoo!ショッピング公式の見解ではなく、弊社で試した結果をふまえた独自の見解です。

アイテムマッチの表示について

アイテムマッチの表示順序の計算式は、Yahoo!ショッピング検索と似ていますが、アイテムマッチでは「PRオプション」と「優良配送」が評価の対象外になっています。そして、入札金額という欄が新しく加わっていますが、こちらはアイテムマッチを登録する時に設定した、1クリックあたりの入札金額です。

つまり、「売れている商品」、「キーワードに対するSEOがしっかりできている商品」、「入札金額が高い商品」の評価が高くなり、これら3つの要素を掛け算してその商品のアイテムマッチでの評価が決まります。

❯❯ キーワードごとにアイテムマッチは評価される

Yahoo!ショッピング検索のSEOでの評価と同様に、アイテムマッチでの評価もキーワードごとにおこなわれます。アイテムマッチで売上を伸ばしていくには商品のSEOもしっかりできている必要があります。3章に掲載したとおり、狙っていたキーワードが商品名にしっかり入っていたら40点、プロダクトカテゴリが適切だと20点、という形で足し算で評価します。

キーワードごとに評価されるので、2章のキーワード調査をしっかりおこなっておくことが重要です。弊社の事例でも、キーワード調査をしない状態でアイテムマッチに出していた商品のROAS（費用対効果）が26%と、かけた広告費の4分の1しか売れない状態だったのに、キーワード調査をしっかりおこなって商品のSEOをおこなっただけで、アイテムマッチのROASは300%になりました。対策前はライバルの多いキーワードが中心で入札単価も高くなっていたのが、様々なキーワードで露出するようになったことでアクセスも増えたうえに、ライバルの少ないワードでも露出が増えたので入札金額が安くなったことが要因です。

▶▶ アイテムマッチの入札金額の決まり方

　アイテムマッチは登録する時に、1クリックあたりの入札金額を入力しますが、入力した金額は入札金額の上限になります。キーワードごとの1クリックあたりの入札金額は、先ほどの表示順序の図で「アイテムマッチの評価」が高い順で並び替えたあと、次点の店舗より1円高い価格になります。

　たとえば、あるキーワードで2店舗が出稿していた場合、アイテムマッチの評価が低い店舗の入札価格が30円で、アイテムマッチの評価が高い店舗の入札金額が50円だと、このキーワードの入札金額は1円高い31円になります。

　このため、誰もアイテムマッチに出していないマイナーなキーワードだと、最低価格である25円で表示が可能ですし、ほかの店舗がそのキーワードを商品名に入れていても入札価格が25円だった場合は、1円高い26円で表示することが可能です。

　このように、2章のキーワード調査をしっかりおこなうことで、安い入札金額で広告を出すことが可能になってきます。

▶▶ アイテムマッチを利用すると通常検索でも強くなる？

　アイテムマッチを利用すると、通常検索でも商品の評価が高くなってきます。通常検索でも売上が高い商品は評価が高いので、アイテムマッチで売れるようになると通常検索での評価も上がるからです。そして商品の売上が増えるにつれて、アイテムマッチでも通常検索でもどんどん商品の評価は上がっていくので、通常検索では検索順位がどんどん上がっていきますし、アイテムマッチでも今まで表示できなかったキーワードに表示されたり、評価が上がったことで入札価格が安くなります。

　弊社の事例でも、6ヵ月で売上が3倍になった店舗様の場合、アイテムマッチのROASは当初の300％から1000％と大きく上がりました。

▶ カテゴリでの表示順序の決まり方

Yahoo!ショッピングの商品ジャンル、カテゴリで「メンズファッション＞トップス＞Tシャツ」などと表示した場合もアイテムマッチの商品が表示されます。カテゴリに表示されるアイテムマッチの表示順序は、2021年8月までは入札金額が高い順でしたが、現在は関連度と入札金額から表示順序を決定、となっています。弊社推定ですが、こちらも商品の売上などが重要視されています。なおキーワード別と異なり、カテゴリではそのカテゴリに登録している商品しか表示されないため、SEOが適切にできているかという評価は入っていません。

アイテムマッチを効果的にはじめるには？

アイテムマッチの設定のしかたや、どのような順序で表示されるか解説しましたが、実際にどのような商品をアイテムマッチに出していくか、パターン別に解説します。

▶ 売上がまだ少ない店舗、広告費に出せる予算が限られている店舗

売上がまだ少ない店舗や広告費に出せる予算が限られている店舗の場合、まずはいま売れている商品や売れそうだと思っている商品にしぼってアイテムマッチに登録しましょう。最初の段階では、10商品ぐらいで大丈夫です。

あまり売れていない商品をアイテムマッチに登録する場合、入札金額は少し高めにする必要があります。アイテムマッチの評価は「売上×SEO×入札金額」で評価されるので、売上が少ない商品は入札金額を少し高くしないと表示されにくいためです。

商品をしぼってアイテムマッチに登録をしたら、アイテムマッチ経由で

のクリック数が取れているか、ROASが高いかなどを定期的にチェックします。効果が高いようならほかの商品も徐々に追加していき、もし効果が低いようなら掲載を解除したり入札価格を下げていきます。具体的な方法は、次の「アイテムマッチは日頃の改善が重要」で解説します。

》 広告費をかけて、売上を大きく上げていきたい店舗

　すでにある程度は売れている店舗や、開店したばかりだけど広告予算はあるので売上を大きく上げていきたい場合、おすすめなのはすべての商品をアイテムマッチに出しながら、特に売れている商品と、これから売っていきたい商品の入札価格を上げる方法です。弊社の場合でも、アイテムマッチ経由の売上とROAS両方とも高い店舗は、この方法でおこなっています。

　すべての商品をアイテムマッチに出すには、「全品指定価格入札」という機能を使います。個別に入札価格を上げたい商品は、先ほどの手順で個別に設定します。

　全品指定価格入札を設定するには、アイテムマッチの管理画面で「アイテムマッチ」のタブをクリックし、「全品指定価格入札」をクリックします。

全品指定価格入札

　「1クリックあたりの入札金額」の欄に、すべての商品を1クリックいくらでアイテムマッチに登録するか、設定します。なお全品指定価格入札を使うには、アイテムマッチの予算を日次の場合は1日1,500円以上、月次の場合は月5万円以上に設定してあることが必要です。

　全品指定価格入札の設定ができたら、売りたい商品の入札価格を個別に設定しておきます。こちらも定期的にレポートを確認しながら改善してい

きます。

COLUMN

全品おまかせ入札はおすすめできない

「全品指定価格入札」を設定する欄に「全品おまかせ入札」という欄があります。「全品おまかせ入札」はAIが自動的に入札価格を変更してくれるシステムです。弊社でも何回か試したことがありますが、「全品おまかせ入札」は、以下3つの理由でおすすめできません。

1. ROAS が悪い

「全品おまかせ入札」は最低入札金額が35円と高くなっていることや、AIでのROASの基準がやや低いこともあり、入札金額が高くなり、ROASが悪くなりがちです。

2. 通常検索で商品が表示されている場合、アイテムマッチが表示されない

検索結果に通常検索で商品が表示されている場合、全品おまかせ入札を設定するとアイテムマッチが表示されなくなります。アイテムマッチの無駄がなくなるよい機能に見えますが、たとえば通常検索で30位のキーワードだから、アイテムマッチで上部に表示させてアクセスを増やしたいのに、全品おまかせ入札を使うことで表示されなくなってしまうので、売上を伸ばしていく効果が弱くなってしまいます。

3. レポートが表示されない

全品おまかせ入札では、商品別やカテゴリ別のレポートが表示されなくなります。店舗全体のレポートは表示されますが、商品別レポートが表示されないので、どの商品がアイテムマッチで売れているか、効果測定ができなくなり、改善していくことができません。

アイテムマッチは日頃の改善が重要

▶ アイテムマッチの全体状況の見方

　アイテムマッチは検索結果に表示されるキーワード広告なので、効果もすぐに確認できるという特徴があります。アイテムマッチ全体の状況はその日のうちに確認できますし、商品別など詳細の状況は翌日9時に確認することができます。

　今日を含めた最近の状況は、アイテムマッチ管理画面を開いた画面の下の方に「最近3日間の実績」や「最近3ヶ月間の実績」として表示されています。なお今日のレポートについてはリアルタイムではなく、数時間ぐらい遅れて表示されているようです。

全体状況

最近3日間の実績 ※1	06/30	06/29	06/28
クリック数	9回	34回	28回
利用金額	129円	488円	407円
CPC	14円	14円	15円
注文数	0	0	1
売上金額	0円	0円	7,920円
CVR	0%	0%	3.6%
ROAS	0%	0%	1946%

※1 全品おまかせ入札で自動算出されたCPCは、各カテゴリの最低入札金額以下になることがございます。
※2 当日分の実績も含まれます。

最近3ヶ月間の実績 ※1	2022/06 ※2	2022/05	2022/04
クリック数	1,159回	1,041回	1,155回
利用金額	円	円	円
CPC	21円	17円	15円
注文数	14	13	14
売上金額	円	円	円
CVR	1.2%	1.2%	1.2%
ROAS	%	%	%

▶ アイテムマッチの全体的な状況を確認して対応を決める

　「最近3ヶ月間の実績」の今月のレポートで、大まかな状況を確認します。「想定していたクリック数になっているか」、「利用金額で予算の消化具合はどうか」、「ROASはどうなっているか」の3点を確認しましょう。そのうえで、状況によって以下の対策をおこないます。

◐ クリック数が取れていない場合

　想定していたクリック数が取れていない、つまりアイテムマッチの予算があまり消化されていない場合は、商品の入札価格を上げましょう。また、アイテムマッチに登録している商品が少ない場合は、商品を増やして様子を見てみます。

◐ 予算を消化していてROASも高い場合

　設定した予算を消化していてROASが高い場合は、2つの対応が可能です。

　1つめの対応は、売上アップのために予算自体をアップします。ROASが高い状態で予算金額を消化しているため、予算を増やせばそのまま売上も順調に伸びるはずなので、おすすめの対応方法です。

　2つめの対応は、広告予算が限られている場合に有効です。その場合は、ROASの悪い商品の入札価格を下げていきましょう。ROASの悪い商品の入札価格を下げることで、売れているROASの高い商品に予算が回るようになり、同じ予算でも売上を伸ばすことができます。

◐ 予算を消化しているがROASが低い場合

　予算を消化しているがROASが低い場合は、入札価格とアイテムマッチに登録している商品の見直しをおこないます。商品別レポートでROASの悪い商品を中心に入札価格を下げていき、クリック数が多いのに全く売れてない商品などはアイテムマッチの登録を解除します。目安として、月に100クリック以上されているのに1個も売れていない場合は、解除するのがおすすめです。

　なお開店したばかりなど売上の少ない店舗の場合、ROASは悪くなるのが普通です。アイテムマッチのロジックとして、売れている商品のほうが評価が高くなるからです。売上が少ない店舗の場合は、すぐに判断せず1〜2ヵ月程度様子を見てみましょう。

6

>> 商品別レポートをチェックして改善する

　基本的な対応方針が決まったら、アイテムマッチで商品別レポートをチェックします。商品別レポートは、アイテムマッチの管理画面で「実績・明細」のタブから「商品別」をクリックします。

商品別

　日別のレポートと、月別のレポートが見れるようになっています。日別の商品レポートでは、ほとんどの店舗で効果を判断できるほどのクリック数にならないので、月別の商品レポートをクリックして確認してみましょう。

商品別レポート

当月
先月
先々月

月別

2022/06/01〜2022/06/29

2022/05

　月次の欄をクリックすると、CSVデータでレポートがダウンロードできるので、Excelなどで開いて確認します。商品別レポートを見るとき、CSVで開いたままの状態だとわかりにくくなってしまいます。おすすめなのは、以下の手順で重要な商品からチェックすることです。

≫ 利用金額の多い商品からチェック

　Excelのツールバーで、「並べ替えとフィルター」→「ユーザー設定の並べ替え」をクリックします。「最優先されるキー」で「利用金額」を選び、「順序」を「降順」にすると、アイテムマッチで広告費の利用金額が多い商品から順番に並ぶので、効率的にチェックすることができます。

ユーザー設定の並べ替え

並べ替え

　表示されている項目の意味は、それぞれ以下のようになっています。

◯ 表示回数

　アイテムマッチで表示された回数。クリックされた場合とされない場合の両方を含みます。

◯ クリック数

　アイテムマッチでお客様がクリックした回数。

◎ CTR

クリック率のことで、表示されたアイテムマッチがどれぐらいクリックされたかの割合。CTRはClick Through Rateの略で、インターネット広告ではROASやCPCと並び、よく使われる略語です。

◎ CPC

1クリックあたりの広告金額のことで、Cost Per Clickの略。入札金額の決まり方から、入札金額よりも安くなっていることが多いです。

◎ 利用金額

アイテムマッチで使った広告費。

◎ 注文数

アイテムマッチで注文したお客様の数（注文された数）。

◎ 注文個数

アイテムマッチで注文された商品の点数。商品点数なので、1人のお客様が10個買ったら、注文数が1、注文個数が10となります。

◎ 売上金額

アイテムマッチ経由で売れた売上。

◎ CVR

アクセスしたお客様のうち、買ってくれたお客様の割合。Conversion Rateの略で、日本語では転換率や購買率といいます。クリック数÷注文数で計算できます。

❂ ROAS

広告の費用対効果。広告費に対してどれぐらいの売上があったか、パーセントで表したものです。

　並び替えたら、まずチェックすべき項目はROASの欄です。ROASが目標にしている基準より高くなっているか、チェックしましょう。以下の図の例では、2個目の商品のROASがかなり低くなっています。さらに、ほかの商品に比べてCVR（転換率）の数字も半分ぐらいになっています。そこでアイテムマッチの入札金額を下げてみるか、または転換率が低い原因をチェックしてみましょう。商品ページがわかりにくくなっていないか、商品の魅力が伝わっているか、などのチェックをおこないます。

ROASが低い商品

	A	B	C	D	E	F	G	H	I	J	K	L	M	N
1	ストアアカ	カテゴリ	商品コード	商品名	表示回数	クリック数	CTR	CPC	利用金額	注文数	注文個数	売上金額	CVR	ROAS
2	＊＊＊	＊＊＊	＊＊＊	＊＊＊	7577	139	1.83	71.3	9911	15	15	173940	10.79	1755.02
3	＊＊＊	＊＊＊	＊＊＊	＊＊＊	21583	165	0.76	44.47	7337	8	8	35295	4.85	481.05
4	＊＊＊	＊＊＊	＊＊＊	＊＊＊	10604	75	0.71	55.89	4192	6	6	38280	8	913.17
5	＊＊＊	＊＊＊	＊＊＊	＊＊＊	7299	50	0.69	43.84	2192	9	10	72796	18	3320.99
6	＊＊＊	＊＊＊	＊＊＊	＊＊＊	7384	19	0.26	41.32	785	0	0	0	0	0
7	＊＊＊	＊＊＊	＊＊＊	＊＊＊	4392	21	0.48	35.95	755	0	0	0	0	0

COLUMN

注文数が「−」でも注文されている可能性がある

　注文数と注文個数が「−」になっているが、売上金額が表示されている場合があります。これは、本当は注文数が1の場合です。

　アイテムマッチでは2022年3月30日から、個人情報保護のため、注文数が1の場合やクリック数が1の場合は、1と表示せずに「−」と表示することになりました。

　「−」だと注文数が0件の商品と同じ表示になり紛らわしいですが、売上金額が1以上だったら実際は注文数が1だった、と判断しましょう。

　注文個数については1個ではなく、2個以上購入されている可能性があります。注文金額を商品単価で割ってみると、実際の注文個数の計算が可能です。

以下の例では、4行目と5行目と6行目の商品が、実際は注文数が1件の商品です。

注文数・注文個数が「－」で表示されたレポート

A	B	C	D	E	F	G	H	I	J	K	L	M	N
ストアア	カテゴリ	商品コー	商品名	表示回数	クリック数	CTR	CPC	利用金額	注文数	注文個数	売上金額	CVR	ROAS
※※※※	※テストカテ	hogehoge	_143 テスト	3000	100	3.33	35	3500	4	4	44330	4.00	1266.6
※※※※	※テストカテ	hogehoge	_267 テスト	3000	50	1.67	45	2250	7	7	83160	14.00	3696.0
※※※※	※テストカテ	hogehoge	_266 テスト	4000	100	2.50	35	3500	3	3	19140	3.00	546.9
※※※※	※テストカテ	hogehoge	_81 テスト	10000	50	0.50	25	1250	－	－	4400	2.00	352.0
※※※※	※テストカテ	hogehoge	_147 テスト	4000	30	0.75	30	900	－	－	6600	3.33	733.3
※※※※	※テストカテ	hogehoge	_6 テスト	12000	62	0.52	20	1240	－	－	5601	1.61	451.7

≫ 売れている商品でしぼり込んでチェックして改善する

利用金額の高い商品からチェックしたら、次は利用金額は少ないけれども売れている商品のチェックもおこないます。Excelで「並び替えとフィルター」から「フィルター」にチェックしたあと、「売上金額」の横のプルダウンでフィルター画面を出し、0のチェックを外して「OK」ボタンを押します。

こうすると、アイテムマッチで売上が発生している商品のみの画面になります。利用金額は少ないけれどアイテムマッチで売れている商品がはっきりしてくるので、こうした商品はROASを見ながら入札金額を上げていきましょう。

売れている商品にしぼり込む

このように、全体の状況を把握してから、商品単位で変更をおこなっていくのがアイテムマッチの基本的な改善の流れです。

≫ アイテムマッチの改善をおこなうタイミング

アイテムマッチの改善は定期的におこなわないと効果が低くなります。予算が月5万円以上なら週に1回、それ以下なら月に1回を目安におこないましょう。週に1回よりも短い頻度、たとえば毎日改善をおこなうのはあまりおすすめしません。Yahoo!ショッピングでは超PayPay祭などのイベントや、5のつく日など売上が伸びやすい日があるので、毎日チェックしても数字が変動しやすいからです。

売れてきたら、キーワード指定が可能なメーカーアイテムマッチも使う

ここまで紹介したアイテムマッチとは別に、Yahoo!ショッピングに出店していないメーカーや広告代理店向けに用意されているアイテムマッチが、**メーカーアイテムマッチ**広告です。ややこしいので、今後は「店舗アイテムマッチ」と「メーカーアイテムマッチ」と記載します。

メーカーや広告代理店向けとなっているので、店舗だと使えないように思うかもしれませんが、店舗でも利用可能です。店舗アイテムマッチとメーカーアイテムマッチでは、大きく以下の違いがあります。

6

店舗アイテムマッチとメーカーアイテムマッチ

	店舗アイテムマッチ	メーカーアイテムマッチ
入札価格	最低25円から	キーワード指定は最低70円から、商品指定は40円または45円から
キーワード指定	できない	できる
レポート	月別、日別、商品別	キーワード別が追加
支払い方法	クレジットカードでの事前入金または後払い	後払いのみ
最低予算	なし	1日3,000円以上

　最大の特徴は、キーワードを指定できることです。通常のアイテムマッチでは商品を指定するだけで、どのようなキーワードで表示されるかについては、商品名などに入れたキーワードをもとにしていました。メーカーアイテムマッチでは、商品名に入れていないキーワードでも指定することができます。さらにキーワードごとのレポートが確認できるので、より効果的な運用が可能になります。ただし、入札単価が最低70円からと通常のアイテムマッチに比べてかなり高いので、通常のアイテムマッチで売上が伸びてきた店舗や、広告費が用意できる店舗におすすめします。

≫ メーカーアイテムマッチの効果的な使い方

　繰り返しになりますが、メーカーアイテムマッチの最大のメリットは「キーワードを指定することができる」という部分です。

　メーカーアイテムマッチではキーワードを指定した運用ができるので、重要なキーワードについてはメーカーアイテムマッチで高い金額で登録して、それ以外のキーワードは店舗アイテムマッチで安い金額にする運用にしておくのがおすすめです。

　メーカーアイテムマッチと店舗アイテムマッチの関係では、メーカーアイテムマッチで指定した商品が優先されます。そのため、両方を併用すれば、重要なキーワードではメーカーアイテムマッチで表示され、指定していな

いキーワードは安い金額にした店舗アイテムマッチが表示される、という
しくみになるので、運用をしっかりおこなうと大きく売上とROASを伸ば
すことが可能です。

メーカーアイテムマッチのはじめ方

　メーカーアイテムマッチをはじめるには、審査を受ける必要があります。
Yahoo!ショッピングの担当にメーカーアイテムマッチを利用したいと連
絡して、担当から連絡のあった方法で申請をして審査を受けます。

メーカーアイテムマッチの設定の流れ

　メーカーアイテムマッチの審査を受けて使えるようになったら、メーカー
アイテムマッチの画面にログインします。以下のように、通常のアイテム
マッチとは異なり「キャンペーン」というタブが表示されています。メーカー
アイテムマッチは、リスティング広告などと同じように、キャンペーン単
位で運用します。

メーカーアイテムマッチ

キャンペーンを作成する

　メーカーアイテムマッチを利用するには、まず**キャンペーン**を作成します。
予算管理もキャンペーン単位でおこないます。キャンペーンの作成は、「キャ
ンペーン一覧」のタブをクリックして、「キャンペーンを新規作成」ボタン

を押します。

キャンペーンを新規作成

　「キャンペーン名」は店舗での管理用なので、管理しやすいキャンペーン名を入れます。広告を露出したい期間と予算を入力したら、「キャンペーンを作成」ボタンを押します。

キャンペーンを作成

キャンペーン名	ブランド露出用
終了期限	● 終了日あり　○ 終了日なし
期間	開始日 2022-07-04　　終了日 2022-07-31
予算	終了日あり・なしによって選択できる予算設定方法が異なります。詳しくはヘルプページをご確認ください。

　　月次　90,000　円
　　　　　90,000円〜15,000,000円

　○ 通期　30,000　円
　　　　　30,000円〜45,000,000円

　● 日次　3,000　円
　　　　　3,000円〜1,000,000円

【キャンペーン一覧へ戻る】【キャンペーンを作成】

≫ キーワードを指定する

　キャンペーンを作成したら、メーカーアイテムマッチで表示させたいキー

ワードを指定します。「広告グループ」の「キーワード広告」をクリックします。

次の画面で、「キーワード広告を新規登録」ボタンを押します。

キーワード広告

ブランド露出用 (キャンペーンID: 87719)
配信期間：2022-07-04 ～ 2022-07-31　配信調整中

基本情報	キャンペーンの予算
予算	このキャンペーンで設定された予算と、今月の利用金額です。予算額はいつでも変更できます。「予算を変更」ボタンをクリックしてください。
広告グループ	現在の予算
商品広告	予算設定：**3,000円** / 日　　今日の利用金額：**0円**
キーワード広告 ⓪	
ブースト	予算を変更
予約	配信を一時停止
設定履歴	○ クリックで配信を一時停止します（予算金額を0円に設定します）

キーワード広告を新規登録

キーワード広告一覧

「キーワード広告」は、Yahoo!ショッピングの検索キーワードに連動して配信される広告です。詳しくはヘルプページをご確認ください。

キーワード広告を新規登録

登録可能な配信キーワード数：残り9990件

| 広告名 ∨ | 広告名で絞り込み | 絞り込む |

全0件

ID ⇕	広告名（管理用） ⇕	配信キーワード数 ⇕	商品数 ⇕	ステータス ⇕
データがありません。				

⑥

メーカーアイテムマッチでは、キャンペーンの中に複数のキーワード広告を作ることができます。キーワードをグループ分けして管理できるので、どのようなグループなのか、わかりやすい「キーワード広告名」を入力して、「広告作成」ボタンをクリックします。

広告作成

　作成したキーワード広告の広告画面になるので、「配信キーワードを新規登録」ボタンまたは「一括登録・削除（CSV）」ボタンでキーワードを登録していきます。

配信キーワードを登録

≫ 作成したキーワード広告に商品を設定する

　キーワードを登録しただけではメーカーアイテムマッチが開始できないので、登録したキーワードでどの商品を表示するか、指定します。キーワード登録画面で「配信対象の商品」タブをクリックします。商品は1個ずつ

入力することも、CSV形式でまとめて登録することも可能です。1個ずつ
入力する場合は、「商品を新規登録」ボタンを押します。

配信対象の商品

キーワード広告一覧へ戻る

ブランド露出用 ✏ 配信を停止

キーワード広告の詳細です。配信キーワードと配信対象の商品の設定を行います。詳しくはヘルプページをご確認ください。

配信キーワード 0   配信対象の商品 0

商品を新規登録   一括登録・削除（CSV）

商品コードで絞り込み   絞り込む

全0件

☐ 商品名・商品コード・価格   ストアID

データがありません。

　ストアIDに店舗のストアアカウントを入力して、商品を商品名または商
品コードで検索することができます。表示させたい商品が出てきたらチェッ
クを付け、「追加」ボタンを押します。確認画面でも、「登録」ボタンを押
します。

　これで、登録したキーワードで商品を表示する準備ができました。半日
ぐらいしてからYahoo!ショッピングの検索画面で、登録したキーワードで
表示されているか確認してみましょう。表示されていない場合は、入札価
格を上げるか、商品名の変更などSEOの修正をおこないます。

配信対象の商品追加

▶ メーカーアイテムマッチの表示順序

　メーカーアイテムマッチで商品が表示されるしくみですが、弊社の調査では通常の店舗アイテムマッチと基本的なしくみは同じです。店舗アイテムマッチ同様に、キーワード選定をしっかりおこなったうえで、商品のSEOをおこないましょう。「アイテムマッチに表示されるには、商品のSEOが重要」に掲載した図も確認してください。

▶ メーカーアイテムマッチの注意

　メーカーアイテムマッチでは商品だけの登録も可能です。入札単価が40円または45円からと高くなっていますが、表示させたくない除外キーワードの指定ができるなど、店舗アイテムマッチにはない機能があります。さらに、どのようなキーワードでメーカーアイテムマッチをクリックしたか、

確認することが可能です。

　ただし、メーカーアイテムマッチは店舗アイテムマッチよりROASが悪くなります。店舗アイテムマッチでは、クリックした商品以外が売れてもアイテムマッチの売上としてROASの対象になります（間接コンバージョン）が、メーカーアイテムマッチではクリックした商品が売れた場合しか対象にならない（直接コンバージョン）ためです。

アイテムマッチで
売上が大きく伸びた事例

　アイテムマッチは効果が高い広告ですが、アイテムマッチを活用して売上が大きく伸びた事例を紹介します。

≫ ROAS 0%から、SEO強化とアイテムマッチ強化で売上20倍に

　ダイエット・健康ジャンルのある店舗様では、楽天店とAmazon店は好調だが、Yahoo!ショッピング店はほとんど売れていないという問題がありました。Yahoo!ショッピング店の売上対策のためにアイテムマッチを半年おこなっても、数十万円の費用をかけて売上は0円、という状況でした。そこで、以下の順番で対策をおこないました。

● キーワードの見直しとSEOの実施

　商品名など、SEOで重要な部分が楽天と同じ状態になっており、Yahoo!ショッピングに対応していませんでした。そのため、まずキーワードの洗い出しをおこなったうえで、商品名に入れていくなどSEO作業をおこないました。

6

◑ 入札価格の大幅ダウン

アイテムマッチを半年間運用されていた頃の入札価格は、ジャンル平均を大きく上回る、かなり高い金額になっていました。もともとSEOができておらず、高い入札価格にしないと表示されにくいという状況でもあったので、入札価格を大きく下げて、ROASの改善をおこないました。

◑ 商品ごとの入札価格変更

キーワード見直しとSEOの実施、入札価格の大幅ダウンを実施して2ヵ月ほどすると、アイテムマッチ経由の売上も伸びていき、ROASもダイエットジャンル平均の3倍と高くなりました。そこで、全品指定価格入札ですべての商品をアイテムマッチに表示させたうえで、特にROASの高い商品の入札価格を毎週チェックしながら上げていきました。

このような対策をおこない、半年で売上が20倍を超える成長を見せました。特にアイテムマッチ経由の売上は半分以上を占めるなど、売上アップに大きく貢献しています。

≫ 在庫が1点のみの商品でもアイテムマッチは効果的

2つめの事例は、おもにブランド品のリユース（中古）を販売している「蔵屋」様です。蔵屋様では、アイテムマッチを開始したことで、売上は約1.5～2倍の伸びを見せています。

Yahoo!ショッピングではSEOでもアイテムマッチでも、商品単位で評価されます。そのため、在庫が1点のみの商品が中心だと、商品の評価が上がりにくくアイテムマッチで表示されにくいので、アイテムマッチに登録していない店舗も多い状況です。

しかし、在庫が1点のみの商品が中心でもアイテムマッチを活用すれば、売上を大きく伸ばすことが可能です。

蔵屋様でアイテムマッチの効果が高い要因は2点あります。

◎ 商品管理システムで効率化

蔵屋様では、株式会社ワサビ様が提供する商品管理システム「ワールドスイッチ」を利用して商品登録を効率化しています。Yahoo!ショッピングSEOのために登録するキーワードリストをあらかじめ作成してあるので、ワールドスイッチ上でYahoo!ショッピングの商品名などにキーワードを入れています。効率的にYahoo!ショッピング対策ができるようになっているので、アイテムマッチでの評価も高まりやすくなっています。

▶ ワールドスイッチ（株式会社ワサビ）

https://wasabi-inc.biz/world-switch/

◎ 効果の高いジャンルにしぼって定期的に新商品を登録

リユースという商材のため、多数の新商品が登録されていきます。蔵屋様では、当初は全品指定価格入札にして、新商品も含めてすべての商品がアイテムマッチに表示されるようにしていましたが、想定していたROASよりもやや低かったので、効果の高いジャンルにしぼって登録する方法に切り替えました。

定期的に新商品をチェックして、ジャンルをしぼったうえでアイテムマッチに登録をしています。これにより、ROASも当初の2倍を超えるようになりました。

6

その他の広告

　Yahoo!ショッピングで1番おすすめで効果的な広告はアイテムマッチですが、Yahoo!ショッピングにはほかにもさまざまな広告があります。

≫ ブランドサーチアド広告

　まず、検索画面に表示される広告として、**ブランドサーチアド広告**があります。検索結果の上部に表示される、ブランドの認知拡大を目的とした広告がブランドサーチアド広告です。

ブランドサーチアド広告

　ブランドの認知拡大を目的としているので、この広告を利用できるのはブランドホルダーであることが条件になっています。ブランドサーチアド広告を利用するには、メーカーアイテムマッチのアカウント作成が必要に

なります。その後、ブランドサーチアド広告を利用する審査を受けたあと、利用可能になります。

　ブランドサーチアド広告では、表示したいキーワードを指定することができ、キーワードや商品ごとのクリック数とROASなどが確認できます。入札価格は1クリック100円からと、アイテムマッチよりもかなり高くなっています。

　入札価格が高いのと、検索画面の上に出るためお客様は広告と認識し、クリック率がやや悪いなど、効果が少し出しにくい広告枠ですが、ブランド名が何度もお客様の目に触れるというメリットがあります。

純広告（通常の広告）

　純広告とは、広告と聞いて一般的にイメージするような、Yahoo!ショッピングのいろいろな場所に表示されるバナーやテキストの広告です。さまざまな広告がありますが、大きく分けると4種類です。

通常広告

　Yahoo!ショッピングのトップページやカテゴリページなど、様々な場所に表示される広告です。表示される場所によって、金額や効果が異なってきます。スマホアプリのトップページに表示される広告など、多数の広告があります。

メール広告

　Yahoo!ショッピングが配信しているメールマガジン、NewsCLIPに掲載される広告枠です。ジャンルをしぼって配信しているメールマガジンや、すべてのメルマガ登録者に配信しているメールマガジンなどの種類があります。メールマガジンの表示される場所や配信されるお客様の数などによって料金が異なります。メールマガジンなので多くのお客様に見てもらいた

い場合に効果的ですが、ニッチな商材だったり、商品画像でイメージが湧きにくい商材などでは効果が低くなります。

◉ クーポン広告

　Yahoo!ショッピングが用意しているクーポン特集ページに掲載される広告です。店舗が発行するクーポンと異なり、広告なのでアクセス数がある程度見込めます。

◉ 季節販促広告

　バレンタインデーやお中元など、特別なイベントに合わせて作られる特集ページに掲載される広告です。Yahoo!ショッピングでも誘導を強化するので、季節販促広告は費用が高いですが、効果はかなり高い傾向があります。効果が高い分、広告枠もすぐに売り切れてしまうことがあり、広告によっては事前に審査があるので、担当営業に早めに連絡をしておきましょう。

　バレンタインのような大きなイベントでない場合は、ミニ販促という特集ページに掲載される広告が用意されます。こちらは季節販促ほど目立たないですが、その分費用が安いので、ミニ販促の特集にマッチしている場合は検討してみましょう。

≫ 純広告のROASをイメージする

　Yahoo!ショッピングの広告では、アイテムマッチについてはROASがわかりますが、純広告については、確認できるのはクリック数やクリック率とクリック単価などで、広告経由で売れた金額はわかりません。広告を購入する前に、おおよそどれぐらいのROASになるか、店舗の転換率や客単価からイメージしておきましょう。

　たとえば、客単価が5,000円で、転換率が10％という店舗が、クリック単

価が100円見込みの広告枠を購入する場合、以下のようになります。

純広告のROAS例

5,000円（客単価）÷100円（クリック単価）×10%（転換率）＝500%（ROAS）

　純広告は、Yahoo!ショッピングの場合1クリック100円以上になること
が多い印象です。弊社では100円を切ったら「よい広告枠」、50円を切った
ら「とても効果が高い広告枠」という評価をしています。ほとんどの場合、
100円〜200円ぐらいになることが多いので、純広告を試すときには200円
になった場合のROASも計算してから、購入するか判断してください。

純広告を試す前にやるべきこと

　ほとんどの純広告では、たくさんの商品が表示されるので、自店舗の商
品が目立っていないと広告を出しても効果がない、ということになってし
まいます。さらに、広告に出す画像や商品名にレギュレーション（規定）
があります。このレギュレーションの範囲内で、お客様に「この商品が気
になる」と思ってもらえる広告を作り込む必要があります。いきなり費用
の高い広告を試すのではなく、費用の低い金額で何回か試してみて、どの
ような画像や商品名ならクリックしてもらえるかテストしてみましょう。

　広告をクリックしてお客様に商品ページに来てもらっても、商品ページ
がわかりにくかったり、商品の魅力が伝わらなくては広告を出した効果が
低くなります。商品ページをしっかり作り込んだうえで、その商品の魅力
が伝わる広告を登録することが必要です。

　こうした広告枠は、アイテムマッチを活用しきってこれ以上アイテムマッ
チでは売上が伸びないという場合や、お中元など季節商材を売っている店
舗には効果的です。

≫ ソリューションパッケージ

　ソリューションパッケージとは、Yahoo!検索やGoogle検索など、Yahoo!ショッピング外部に露出する広告です。大きな特徴として、店舗を見たことがあるお客様に向けた「リターゲティング」という広告を表示することができます。ソリューションパッケージのプランは2種類あります。

◉ ベーシックプラン

　売上最大化を目標に、Yahoo!検索やGoogle検索など外部の広告に表示するプランです。

◉ リターゲティング特化プラン

　リターゲティングを中心に、広告を表示するプランです。アクセス数が多い店舗で利用すると、店舗に再訪問を促す効果が出て効果的です。

　ソリューションパッケージのROASは、おおよその印象ですが、アイテムマッチの半分程度のROASになることが多いようです。アイテムマッチは購入目的で検索するお客様に表示される広告なのに対し、ソリューションパッケージでは外部サイトに表示されるのと、店舗を見たことがあるお客様向けなので、購買意欲に差があるためです。

　ソリューションパッケージを利用するには、ストアクリエイターの画面左側で「10－出店者様向け広告」の「ソリューションパッケージ」の下にある「申し込み・入札・設定」から可能です。

申し込み・入札・設定

```
10 – 出店者様向け広告                    ∧

ショッピングの広告において、パートナーとの連携
に必要な情報を提供します。

出店者様向け広告メニュー
バナー・テキスト広告
(掲載期間保証型)
 - 商品情報(セールスシート)
 - 申し込み
 - 原稿入稿
ストアマッチ(アイテムマッチ)
(クリック課金型広告)
 - アイテムマッチログイン
ソリューションパッケージ
 - 申し込み・入札・設定
情報開示設定
        ご案内(出店者様向け広告)
```

≫ YCA（Yahoo! Commerce Ads）

YCA とは Yahoo! Commerce Ads の略称で、Yahoo! ショッピングを中心に表示されるクリック課金型の広告です。大きな特徴は、お客様の年齢など属性に合わせて広告を表示することが可能なので、ターゲットがしっかりしている商材に向いています。

YCA は Yahoo! ショッピングの担当に設定してもらう作業が多いなど、初期設定が大変なので広告代理店に依頼して運用している店舗が多くなっています。

6

第 7 章

売り時を味方につける
イベント対策

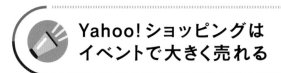

Yahoo!ショッピングは イベントで大きく売れる

　Yahoo!ショッピングでは、**超 PayPay 祭**などの販売促進イベントを定期的におこなっています。こうしたイベントでは普段よりもさらにポイントがお得になることや、店舗もお買い得な商品を用意したりするので、爆発的に売上が伸びてきます。

　以下のグラフでは、今までの Yahoo!ショッピングのイベントを売上金額の順に並べてみました。金額については、弊社での推測値です。なお 2021年の後半から、イベントは1日に集中するのではなく、土日など2日以上にわたって開催するパターンが増えています。そのため、このグラフでも 2022年のイベントは2日分の合計で表示しています。

イベント時の売上

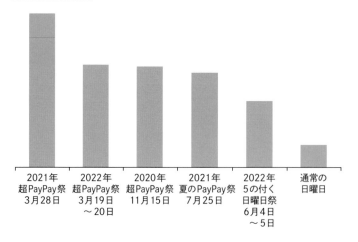

　1番右の通常の日曜日と比べると、イベントでの売上が爆発的なことがわかると思います。今までで1番売れた 2021年3月28日の超 PayPay 祭で

は、たった1日で20日分の注文が押し寄せてきました。店舗によっては1ヵ月以上の注文が1日で殺到してしまい、発送が大変だったほどです。

≫ イベントを徹底的に強化する

このように、Yahoo!ショッピングは売れる日と売れない日がはっきりしているモールです。そのため、売上が大きく伸びるイベント時に、さらに売上が伸ばせるように販売促進をおこなうことが重要です。具体的な販売促進の方法は、大きく3つあるので順番に紹介します。

予算に余裕があるなら3つの方法すべてをおこなってもいいですし、予算に限りがある場合は1つめの**倍！倍！ストア**からおこなうのがおすすめです。

COLUMN

2022年10月までは日曜日キャンペーンで売れていた

2022年10月9日まで、Yahoo!ショッピングでは毎週日曜日にポイントがお得になるキャンペーンがおこなわれていました。

以下のグラフは、ある店舗の1ヵ月間の売上を曜日別に集計してみたグラフですが、日曜日に売上が集中しているのがわかると思います。

日曜日キャンペーンの売上

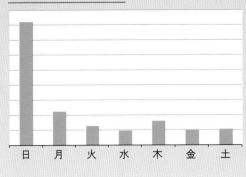

　このように1週間のうち、売上の半分が日曜日に集中します。弊社の調査では、日曜日の売上は1週間の55％と半分以上でした。
　2022年10月時点ではこのようなキャンペーンはおこなわれていませんが、またキャンペーンがおこなわれるようになる可能性があります。その場合、この章で記載したイベント対策は、日曜日など特定の日に合わせたキャンペーン対策としても、そのまま利用できる内容になっています。

イベント対策は倍！倍！ストアが基本

　イベント対策の1つめで、最も効果が高くおすすめなのは**倍！倍！ストア**への参加です。

▶▶ 倍！倍！ストアとは？

　倍！倍！ストアとは、店舗負担でのポイントアップキャンペーンです。5％または10％の枠があり、お客様にその分のポイントが追加で付与されます。店舗が自分でおこなうポイントアップキャンペーンと異なり、以下のようにYahoo!ショッピングの検索画面に「倍！倍！ストア最大＋10％」などと表示され、Yahoo!ショッピングのトップページなどに倍！倍！ストアへの誘導枠を用意しているので、売上が大きく伸びることが特徴です。

　特にイベントの日は、お客様にも倍！倍！ストアで買えばさらにポイントがお得になると知れわたっているので、売上が伸びやすくなります。弊社の推計では、倍！倍！ストアに参加してない店舗に比べて、売上が1.5倍～2倍ぐらい伸びることが多いようです。

倍！倍！ストア

ポイント5％とポイント10％で効果の違いは、10％のほうが2割ぐらい伸びる傾向がありますが、商材によって異なってきます。値段で比べられやすい商材だとポイント10％のほうが効果が高く、値段よりもほしいから買う、といった商材の場合はそれほど違いはない傾向です。店舗によってポイント5％と10％の効果は異なるので、何回か試して費用対効果を検証してみるのがおすすめです。

≫ 倍！倍！ストアへの参加のしかた

倍！倍！ストアに参加するには、事前に申し込みが必要です。申し込める期間は前の月の中旬頃ですが、固定日ではないので、担当からのメールをチェックするなどして申し込みを忘れないようにしましょう。ただし、PRオプションが使えない店舗の場合は、倍！倍！ストアの申し込みができません。

申し込みはストアクリエイターの画面で左上にある「キャンペーン（ストア限定）に参加する」をクリックします。

キャンペーンに参加する

　「参加可能キャンペーン一覧」に日付ごとに倍！倍！ストアが表示されています。申し込みたい日とポイントの枠で「申込み」を押して、次の画面で規約を確認してから「参加する」を押したら、申し込みは完了です。

キャンペーン一覧から申し込み

申込み	キャンセル	08/29 00:00 ～ 09/01 00:00	07/04 10:00 ～ 07/09 00:00	PRオプション料率 ■■■以上 モールクーポンが利用可能であること。クーポン費用②実費請求までとなります。	クーポン	-	【クーポン】倍！倍！クーポン（費用実費請求）8月29日開始分
申込み	キャンセル	08/27 00:00 ～ 08/28 23:59	07/04 10:00 ～ 07/14 23:59	PRオプション料率 ■■■以上 PayPayポイントの費用②実費請求となります。	ポイント	-	倍！倍！ストア 誰でも+10%【決済額対象（支払方法の指定無し）】
申込済	キャンセル	08/27 00:00 ～ 08/28 23:59	07/04 10:00 ～ 07/14 23:59	PRオプション料率 ■■■以上 PayPayポイントの費用②実費請求となります。	ポイント	-	倍！倍！ストア 誰でも+10%【決済額対象（支払方法の指定無し）】
申込み	キャンセル	08/27 00:00 ～ 08/29 00:00	07/04 10:00 ～ 07/09 00:00	PRオプション料率 ■■■以上 モールクーポンが利用可能であること。クーポン費用②実費請求となります。	クーポン	-	【クーポン】倍！倍！クーポン（費用実費請求）8月27日開始分
申込み	キャンセル	08/24 00:00 ～ 08/26 23:59	07/04 10:00 ～ 07/14 23:59	PRオプション料率 ■■■以上 PayPayポイントの費用②実費請求となります。	ポイント	-	倍！倍！ストア 誰でも+10%【決済額対象（支払方法の指定無し）】

▶▶倍！倍！ストアの費用負担

　倍！倍！ストアに参加するには、5％または10％のポイント負担だけではなく、PRオプション料率のアップが必要になります。どの程度PRオプションが上がるかはYahoo！ショッピング独自の計算式なので不明ですが、PRオプションを最低の1％にしていても5％、PRオプション3％で7～8％位など、普段のPRオプション料率よりも高くなってきます。まったく同じPRオプションの店舗でも、倍！倍！ストア参加のPRオプション料率は異なることがあるので、売上などさまざまな要素を見ながら倍！倍！ストア参加のPRオプション料率は決まっていると思われます。

　倍！倍！ストアに参加するPRオプション料率には、プロモーションパッケージに加入している店舗の場合、プロモーションパッケージ料を含んでいます。

倍！倍！ストアに参加するPRオプションが10％と表示されていたら、プロモーションパッケージ料3％＋PRオプション7％、ということになります。

　このように、ポイント負担だけでなくPRオプション料率も上がるため、倍！倍！ストアに参加するには費用負担が大きくなります。しっかり利益計算をしながら、倍！倍！ストアに参加するか判断しましょう。利益管理については、8章で記載しています。

倍！倍！ストアに参加していることを目立たせる

　倍！倍！ストアに参加すれば売上が大きく上がりますが、さらに効果的なのは商品画像で目立たせることです。

　以下の画像は「サンコーオンラインショップ」様の例ですが、倍！倍！ストアに参加しているときは主要な商品の商品画像にL字バナーを入れています。

商品画像にマークを入れる

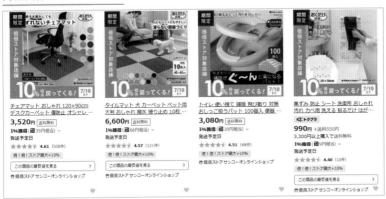

　このような対応をすると検索結果の画面でも目立つので、お客様がクリックしてくれる確率が高まります。

　※2023年4月から、Yahoo!ショッピングでは商品画像ガイドラインでこのような文字入れが
　　禁止される予定です。

アイテムマッチ広告を強化

　イベント対策で2つめにおすすめなのは、アイテムマッチ広告を強化することです。イベントの日には、お客様の購買意欲が高まっているので、アイテムマッチで露出を強化したら売上がさらに伸びやすくなります。

　弊社の事例でも、イベント時にアイテムマッチを強化したところ、ROAS（費用対効果）は同じままで、アイテムマッチ経由の売上は2倍近くに伸びました。Yahoo!ショッピングでは、イベントのときは前もって買い物したい商品を選んでおき、イベント当日に注文するお客様が半分近くいます。できれば、イベント当日の1週間ぐらい前から少し入札金額を上げておくと、さらに効果が高まります。

≫ブースト予約機能で、イベントでアイテムマッチを強化

　特定の日にアイテムマッチの予算と入札金額をアップするときに便利な機能が、ブースト予約です。予算と入札金額のアップを前もって予約することができます。

　具体的な設定は、アイテムマッチの管理画面で「ブースト予約」のタブから「予約」をクリックします。

ブースト予約

ホーム	実績・明細 ▾	アイテムマッチ ▾	予算 ▾	ブースト予約 ▾	アカウント情報
管理者からのお知らせ				予約	
				履歴	

　ブースト予約一覧の画面になるので「予約を追加」ボタンを押します。

ブースト予約を追加

ブースト予約一覧

「ブースト予約」は、「次の5のつく日」など、特定の日に予算金額や商品の入札価格を自動でアップできる機能です。
詳しくはヘルプページをご確認ください。

予約を追加

現在の予算

予算設定：**10,000円** / 日

　ブースト予約の登録画面になるので、まず予約したい日付を選びます。「日次予算」は1日1万円以上の設定が必要ですが、実際にどれぐらい利用されるかはわからないので、ある程度多めの金額にすることをおすすめします。「商品入札価格」では3種類の方法が選択できます。

- 「指定しない」で、いつもと同じ金額のままにする。
- 「一括指定」で、指定している金額に足し算で追加する。たとえば＋20円にした場合、30円で入札している商品は50円、40円の商品は60円になります。
- 「個別指定」で、商品ごとに入札金額を入力したCSVファイルで指定する。

ブースト予約を登録

予約日　2022-07-17

日次予算　20000　円
- 10,000円〜7,000,000円
- 空欄の場合、日次予算の変更は行われません。

商品入札価格　　指定しない

　　　一括指定　+ ［　　　］ 円
- 1円〜998円
- 入札済みすべての入札価格に対して、入力した金額を加算して予約日当日に入札を行います
- 入札価格の上限は999円となります。加算後の金額が上限を超えた場合は、999円に設定されます

　　　個別指定　ファイルを選択 itemmatch_...0530up.csv
- アップロードするCSVファイルを選択してください
- 設定可能な商品数の上限は、3,000件です
- CSVファイルの1行目A列に「商品コード（出店ストアアカウント_商品コード）」、B列に「入札金額」の見出しを入力し、2行目以降に入札情報を入力してください
- B列には加算する金額ではなく、予約日当日に入札したい入札価格を入力してください。空欄にした場合は、入札が取消されます

7

▶ 商品入札金額の選び方

　全品指定価格で入札していたり、商品ごとの入札金額があまり変わらない場合は、「一括指定」がおすすめです。どれぐらいの金額を足したら効果が高いか、何回か金額を変えてテストしてみてください。

　商品ごとに入札金額を変えている場合や、普段からCSVでこまめに入札金額を変えている場合は「個別指定」がおすすめです。「個別指定」では、商品ごとの入札金額をCSVファイルで作成しておく必要がありますが、弊社では試したところもっとも効果が高いやり方なので、基本的には「個別指定」を使っています。

　具体的な金額は、過去におこなわれていた日曜日キャンペーンでは普段の入札金額の1.5倍、イベントのときは2倍ぐらいの金額にすると売上も高くなりROASもよいと感じていますが、店舗によって最適な倍率は異なるので何回かテストしてください。

　CSVでまとめて1.5倍などにするときは、以下のようにround関数を使って端数が出ないようにしたうえで、C列をコピーしてB列の上で右クリックして「123」などとなっている「値」を選ぶと簡単です。

Excelで端数を丸める

貼り付けのオプション：値

▶ ブースト予約をおこなったら記録を取っておく

　ブースト予約は、「ブースト予約」タブの「履歴」から、過去におこなったブースト予約を見ることができますが、この画面に出るのは過去1ヵ月分のみです。

ブースト設定の履歴

設定日時 ⇔	種別	予約日	設定項目	設定内容
2022-07-08 13:49	新規作成	2022-07-10	日次予算, 商品入札価格（一括）, 商品入札価格（個別）	30,000円, 入札済み全商品 +20円, -
2022-06-29 15:43	新規作成	2022-07-03	日次予算, 商品入札価格（一括）, 商品入札価格（個別）	30,000円, 入札済み全商品 +39円, -
2022-06-22 10:34	新規作成	2022-06-26	日次予算, 商品入札価格（一括）, 商品入札価格（個別）	30,000円, -, itemmatch_20220530up.csv
2022-06-15 09:16	新規作成	2022-06-19	日次予算, 商品入札価格（一括）, 商品入札価格（個別）	30,000円, -, itemmatch_20220530up.csv

1ヵ月を越えた分は表示されなくなってしまうので、いつ、どのようなブースト予約をおこなったか、別に記録を取っておきましょう。日毎の売上管理表など、わかりやすい管理シートを作って記録しておくのがおすすめです。

クーポン活用で売上アップ

イベント対策で3つめにおすすめなのは、**割引クーポン**の発行です。クーポンはストアクリエイターの管理画面から発行できる通常クーポンと、リピーター管理などができるツールの**STORE's R∞**(ストアーズ・アールエイト。今後、アールエイトと記載します)から発行する方法の2種類があります。

それぞれ、以下のような特徴があります。

◯ 通常クーポン

- クーポン画像を設定することが可能。
- クーポン対象は選べない。
- 定期発行ができない。

7

⊙ アールエイトクーポン

- クーポン画像の設定は不可、自動的に右の画像になる。
- クーポン対象は Yahoo! プレミアム会員など細かい条件で指定可能。
- 定期発行ができる。

アールエイトクーポン画像

　このように特徴に違いがあるので、使い分けをしましょう。イベントの売上対策など、クーポンがあることを大きくアピールしたい場合は通常クーポンがおすすめです。クーポン画像が設定できるので、Yahoo!ショッピングのクーポン一覧画面でも目立つためです。

クーポン一覧

　誕生日のお客様に「誕生日おめでとうクーポン」を発行したいなど対象が限定されている場合は、アールエイトクーポンを使うのがおすすめです。

❯❯ 通常クーポンを発行する

通常クーポンを発行するには、ストアクリエイターのメニューで「5 ‐ クーポン」の「クーポン新規発行」をクリックします。

クーポンの内容を入力する画面になるので、それぞれ入力していきます。

クーポン新規発行

クーポンの内容を入力

クーポン名 ※必須	
	※全角75文字以内（半角150文字以内） ※クーポン名に氏名等の個人情報を記載しないでください。
クーポンの説明文	
	※全角150文字以内（半角300文字以内）
クーポンのカテゴリ ※必須	○ レディースファッション　○ メンズファッション　○ スポーツ、アウトドア　○ ベビー、キッズ ○ インテリア、生活雑貨　○ コスメ、香水　○ ダイエット、健康　○ 食品、ドリンク、お酒 ○ 家電　○ 趣味　○ 自転車、車、バイク　○ ペット、DIY、花 ○ 腕時計、アクセサリー　○ その他
値引き ※必須	○ 定額値引き ［　　　］円　※半角数字8文字以内 ○ 定率値引き ［　　　］%　※1～99の半角数字 ○ 送料無料
利用開始日時（公開日）※必須	［　　　　］🗓 ［--∨］時
利用終了日時 ※必須	［　　　　］🗓 ［--∨］時
公開範囲（カート、商品）※必須	○ 表示　　　○ 非表示　　※「表示」を選択している場合でも、クーポンの設定によっては出ない場合があります。
クーポン画像ファイル名 ※必須	［　　　　　　　　　　　　　　　　　　　　　　　］ ※ストアエディターの追加画面に登録されているファイル名を指定してください。600×600pxの画像を設定してください。
リンク先URL 未指定の場合にシステムにて自動設定されるURLはこちらをご参照ください。	［　　　　　　　　　　　　　　　　　　　　　　　　　　　　　　　　　］
併用可否 ※必須	○ 併用可　　　◉ 併用不可 ※ストア内全商品対象クーポンは一律「併用不可」になります。
条件設定	
ユーザーごとの利用可能回数	［　　　］回　※1以上の半角数字（指定しない場合は無制限）
全ユーザーの利用可能回数	［　　　］回　※1以上の半角数字（指定しない場合は無制限）
利用可能端末	パソコン、スマートフォン、アプリ
注文金額/個数条件	◉ 指定しない ○ 注文金額が ［　　　］円以上の場合にクーポン利用可能　※半角数字9文字以内 ○ 注文個数が ［　　　］個以上の場合にクーポン利用可能　※1～99の半角数字
対象商品 ※必須	◉ ストア内全商品 ○ クーポン適用商品（最大1,000商品）を指定 ○ 商品タグ（最大10件）を指定

［ 確認 ］

◉ クーポン名

お客様がクーポンを取得する画面に表示される名前なので、わかりやすい名前にしましょう。

◉ クーポンの説明文

「クーポン名」だけでは説明が足りない場合に入力します。入力しなくても大丈夫です。

◉ クーポンのカテゴリ

商品を限定しているクーポンの場合はその商品のカテゴリ、全商品にしている場合は主要な商品のカテゴリを選びます。

◉ 値引き

どのような値引きにするか、入力します。お客様がわかりやすいのは100円OFFなどの「定額値引き」ですが、型番商品の場合は10%OFFなどの「定率値引き」のほうが好まれる場合もあります。「送料無料」クーポンはあまり効果がないうえに、お客様にもわかりにくいのでおすすめしません。

◉ 利用開始日時（公開日）・利用終了日時

クーポンがいつからいつまで使えるか、選びます。

◉ 公開範囲（カート、商品）

商品ページと買い物かごの画面にクーポンが使えるか表示する設定です。メールマガジンを読んでいるお客様限定にしたい場合などは「非公開」を選びます。通常は「公開」にしましょう。

● クーポン画像ファイル名

　あらかじめ作成したクーポンの画像を登録します。画像を見ただけでどのようなクーポンかわかるように、100円OFFなどの内容と店舗名を大きな文字で入れましょう。Yahoo!ショッピングのクーポン一覧画面では、文字が小さいと潰れて見えなくなったりしてしまいます。文字のサイズは、最低でも24ピクセル以上にして、100円OFFなど重要な部分は48ピクセル以上にするのがおすすめです。

● リンク先URL

　店舗の全商品が対象の場合は設定しなくて大丈夫です。特定の商品が対象の場合は、その商品の商品ページを指定します。また特集ページを用意している場合は、そのページを指定します。

● 併用可否

ほかのクーポンと一緒に使ってもよいか、選択します。

● ユーザーごとの利用可能回数

1人のお客様が何回使えるか、指定します。

7

● 全ユーザーの利用可能回数

　すべてのお客様が何回使えるか指定します。それぞれ、通常は空欄にして制限なしにします。

● 注文金額/個数条件

　いくら以上の注文金額もしくは注文個数ならクーポンが使えるか、設定します。「注文金額/個数条件」を設定した場合は、わかりやすいようにクーポン画像にも「1,000円以上で利用可能」などと入れておくのがおすすめです。

○ 対象商品

　クーポンを使える商品を限定する場合に設定します。商品を限定する場合は「クーポン適用商品（最大1,000商品）を指定」にして、商品コードを入力します。「商品タグ」は、商品の編集画面で「商品タグ」欄に入力しておいた内容で指定できます。定期的にジャンルをしぼったクーポンを発行したい場合に便利です。

　それぞれの項目が入力ができたら「確認」ボタンを押して、「発行」ボタンを押せば通常クーポンの作成が完了です。

≫ アールエイトクーポンを発行する

　アールエイトクーポンを発行するには、ストアクリエイターのメニューで「12－販売促進」の「アールエイト（ストアーズ・アールエイト）」をクリックします。

　なおアールエイトを利用するには、PRオプションが1％以上になっているか、プロモーションパッケージに申し込んでいることが必要です。

アールエイト

　アールエイトの画面になるので、「キャンペーン登録」をクリックして表示される、「通常キャンペーン登録」または「一括定期キャンペーン登録」をクリックします。「一括定期キャンペーン登録」では、「バースデー」クーポンや「Yahoo!プレミアム会員×未購入」などYahoo!ショッピングが用意している定型のクーポンが発行できます。条件を指定してクーポンを発行したい場合は、「通常キャンペーン登録」をクリックします。ここでは、「通

常キャンペーン登録」で発行する手順を見てみます。

「通常キャンペーン登録」をクリックすると、どのような種類のキャンペーンを登録するか、選ぶ画面になります。具体的な条件を設定するには、「カスタム」を選択して、「条件を手動で設定する」を選びます。

通常キャンペーン登録

- 📊 ダッシュボード
- 👥 分析・見える化
- 🔧 キャンペーン管理
- 🔧 キャンペーン登録

通常キャンペーン登録

一括定期キャンペーン登録

タイムセール定期キャンペーン登録

- 👍 **集客アップキャンペーン（β版）** NEW
- 🔔 おしらせ
- 🔄 変更履歴

カスタム

キャンペーンの目的を選ぶ

目的を選択すると、下記の具体的な施策が表示されます。

| ★ オススメ | 新規購入を増やしたい | リピーターを増やしたい | 離反を防ぎたい | ストアからのプッシュ |
| カスタム | Yahoo!ショッピング主催タイムセール | | | |

カスタムでは、どのようなお客様にクーポンを発行したいか、具体的な条件を設定できます。たとえば、以下の例では「リピーター」にチェックが付けてあるので、1回以上買ったことがあるお客様に対してクーポンを発行する設定になっています。

なお「カスタム項目から抽出条件を設定する」についてはすべてチェックしておくのがおすすめです。

⑦

条件を手動で設定する

　条件の設定ができたら「アクションを設定する」の欄に移ります。「クーポン」のタブをクリックして、「クーポンを発行する」ボタンを押します。

クーポンを発行する

　クーポンの内容を入力します。「クーポン名」などの項目は通常クーポンと同様です。クーポンの内容が入力できたら「保存」ボタンを押します。

クーポンの内容を入力

クーポン名 [必須]	_____ 0 文字 ※全角75文字以内（半角150文字以内）
クーポンの説明 [任意]	（テキスト入力欄） 0 文字 ※全角150文字以内（半角300文字以内）
値引き [必須]	○ 定額値引き ____ 円 ※半角数字8文字以内 ○ 定率値引き ____ % ※1～99の半角数字 ○ 送料無料
利用開始日時 [必須]	_____ 📅 - ▼ :00
利用終了日時 [必須]	_____ 📅 - ▼ :00
併用可否 [必須]	● 併用可 ○ 併用不可
ユーザーごとの利用可能回数 [任意]	____ 回 ※1以上の半角数字（指定しない場合は無制限）
全ユーザーの利用可能回数 [任意]	____ 回 ※1以上の半角数字（指定しない場合は無制限） ※全ユーザーの利用可能回数に達すると、その施策は非表示になります。

[閉じる]　　　　　　　　　　　　　　　　　　　　[保存]

　「キャンペーン名（ストア管理用）」にキャンペーン名を入力します。お客様には見えないので、管理しやすい名前をつけましょう。最後に「配信予約（クーポン発行）」をクリックしたら、アールエイトクーポンの発行が完了です。

アールエイトクーポンを配信予約

キャンペーンの基本情報を設定する

キャンペーン名(ストア管理用) [必須]	クーポン202209リピーター用
メモ(ストア管理用) [任意]	キャンペーンの概要説明（200文字まで） 0 文字

[配信予約（クーポン発行）]

≫ クーポンの効果の調べ方

　クーポンは、ほかの販売促進よりも効果が出たか調べにくい、という側

面があります。クーポンがあるからお得だと思って買ったのか、前から買おうとしていたのか、判別しにくいためです。特に商品ページや買い物かごに表示する設定にしていた場合、前から買おうとしていたお客様がそのままクーポンを利用して買ってしまう可能性があります。

　そのため、クーポンでどれぐらい売上が上がったかについては、クーポン利用者数ではなく、クーポンを発行していない日と比べるようにしましょう。たとえば日曜日にクーポンを発行した場合は、クーポンを発行していないほかの日曜日と比べるようにします。

　クーポンを獲得した人数や利用した人数を見るには、ストアクリエイターのメニューで「5－クーポン」の「クーポン設定」を開きます。

　「ユーザー獲得数」がクーポンを獲得した人数、「ユーザー利用数」がクーポンを利用してお買い物をしたお客様の数です。

発行済みのクーポンの利用状況

クーポンID	クーポン名	URL	クーポン種別	値引き	ユーザー獲得数	ユーザー利用数	利用開始日時	利用終了日時	編集/削除	コピー
NWVhMDI4YTkxOTM4MmZiMjAzNWY1MTQ4OWJh	1500円OFFクーポン	URL	ストア全品	1500円OFF	0	0	2022/07/10 00:00	2022/07/11 00:00	編集 削除	コピー
MjZlMzc5NDk1YjlyYjNhM2RlZGQ3M2UzOWU3	500円OFFクーポン	URL	ストア全品	500円OFF	0	0	2022/07/10 00:00	2022/07/11 00:00	編集 削除	コピー
ZDc9YzlmOGFiMWVjNTdjYWM0MDhyYTBwOTAv	300円OFFクーポン	URL	ストア全品	300円OFF	0	0	2022/07/10 00:00	2022/07/11 00:00	編集 削除	コピー
YTM4ZTc0ZGZiYzM2MzE0N2NmMTQcYjY3ZWQ0	2000円OFFクーポン	URL	ストア全品	2000円OFF	40	0	2022/07/03 00:00	2022/07/04 00:00	公開終了	コピー

クーポン画像はABテストをしよう

　通常クーポンでは、クーポン画像を設定することができます。毎回同じようなクーポン画像を作成するのではなく、いろいろなパターンのクーポン画像を作ってみて、どのような画像だと効果が高いかテストしてみましょう。

　画像の効果は「クーポン獲得数」で判断することができます。

価格戦略を考える

　イベント時に限らず、商品の価格を下げることも販売促進の方法として有効です。安易な安売りはおすすめできませんが、価格を安くすることで売れる商材が多いのも事実です。そこで、できるだけ効果的に値下げを活用する方法を解説します。

　Yahoo!ショッピングでは、価格を設定できる欄は「メーカー希望小売価格」、「通常販売価格」、「セール価格」、「Y!プレミアム会員向け販売価格」の4種類があります。このうち、販売促進として活用できるのは「セール価格」と「Y!プレミアム会員向け販売価格」です。

≫ セール価格とは

　セール価格は普段販売している「通常販売価格」とは別に、期間限定セールとして設定できる価格です。

　検索画面や商品ページにも目立って表示されるので、通常販売価格を下げて販売するよりも効果的です。

7

セール価格

　セール価格の設定は、商品の編集画面で価格の欄から可能です。

セール価格を設定

　「セール価格」は景品表示法で規定されている二重価格に該当するので、
「セール価格」で販売するには以下の条件があります。

- 過去8週間のうち4週間以上、通常販売価格で販売していること
- 販売開始から8週間未満の場合は、販売期間の半分以上かつ最低2週
  間は通常販売価格で販売していること
- 最後に通常販売価格で売っていた日から2週間以内であること

　基本的には、半分以上の期間が通常販売価格になっていることと、最後に通常販売価格で売っていた日から2週間以内であれば「セール価格」の設定が利用できます。

　商品編集画面で「セール価格」欄にある「商品販売実績を表示」ボタンを押すと、問題なくセール価格が設定できるか、表示されます。

セール価格

メーカー希望小売価格（税込）❓	例）2000
メーカー希望小売価格のエビデンス URL ❓	例）http://store.shopping.yahoo.co.jp/
通常販売価格（税込）❓ 必須	2546
セール価格（税込）❓	例）1400

ⓘ セール価格を表示させるには、ストア運用ガイドライン（二重価格表示）を満たす必要があります。

閉じる

直近8週間の販売実績をもとに二重価格の表示可否を表示しています。
（反映時のチェックは販売開始時刻が考慮されるため、結果が異なる場合があります。）

販売価格	販売実績	最終販売時刻	二重価格表示
2,546	56日 00時間 00分	販売中	通常販売価格に設定

≫ セール価格を価格の自動切替設定を使って設定する

　セール価格は販売期間の設定が必須ですが、販売期間が終了すると販売終了になってしまう、という問題があります。そのため、セール価格を設定したら、必ず販売期間が終了した直後に販売期間を解除してセール価格を空欄にする必要がありますが、手間がかかってしまいます。そこでおすすめなのが「価格の自動切替設定」です。いつからセール価格にするか予約ができて、セール期間が終了したら自動的にもとの通常販売価格に戻してくれます。

　商品編集画面で価格の下、「価格の自動切替設定」のセール価格を入力し、「切替期間」にいつからいつまでセールにするか入力、通常販売価格にはもとの価格を入力すれば完了です。

7

価格の自動切替設定

価格の自動切替設定	
通常販売価格（税込）？	580
セール価格（税込）？	500
	ⓘ セール価格を表示させるには、ストア運用ガイドライン（二重価格表示）を満たす必要があります。
	商品販売実績を表示
Y!プレミアム会員向け販売価格（税込）？	（例）1,100
切替期間？	202207160000 📅 から 202207180000 📅 まで

>> 効果的なセール価格の使い方

　今後、Yahoo!ショッピングでは、過去の日曜日キャンペーンのようなキャンペーンがおこなわれる可能性があります。その際に、セール価格をうまく活用する方法を、過去おこなわれていた日曜日キャンペーンの例で紹介します。

　セール価格は景品表示法で規制されていますが、毎週の土日にセール価格にする運用は可能です。「販売期間の半分以上が通常販売価格であること」という条件なので、土日だけなら半分に満たないからです。さらに過去の日曜日キャンペーンでは日曜日に売上が集中していたので、セールを開催するには効果的でした。お得になる日曜日の前日、土曜日から商品を探している人もいるので、セール価格は土日で設定するのがおすすめです。

　定期的に土日にセールを開催する場合は、CSVデータで作成すると作業が簡単になります。CSVで利用する項目は、以下の項目です。

- code（商品番号）
- price（通常販売価格）
- reserve-price（自動切替したい通常販売価格）
- reserve-sale-price（自動切替したいセール価格）
- reserve-selling-period-start（自動切替したい期間の開始日時。2022年10月12日12時34分なら20221012134と入力）
- reserve-selling-period-end（自動切替したい期間の終了日）

　以下のCSVでは、セールだとわかりやすいように商品名も一緒に変更している例です。

セール情報をCSVデータで作成する

	A	B	C	D	E	F	G
1	name	code	price	reserve-price	reserve-sale-price	reserve-selling-period-start	reserve-selling-period-end
2	SALE価格 テス	100	4920	4920	3900	202203050000	202203062359
3	SALE価格 テス	101	4920	4920	3900	202203050000	202203062359
4	SALE価格 テス	102	12900	12900	9960	202203050000	202203062359
5	SALE価格 テス	103	2955	2955	2400	202203050000	202203062359

≫ Y!プレミアム会員向け販売価格とは

　セール価格だと半分の期間しか値下げができませんが、その他の期間も値下げをしたい場合は**Y!プレミアム会員向け販売価格**を使います。「Y!プレミアム会員向け販売価格」とは、Yahoo!プレミアム会員というYahoo! JAPANの有料会員になっているお客様で、Yahoo!ショッピングでも購入意欲が高い傾向があります。そうしたYahoo!プレミアム会員だけの割引価格が、「Y!プレミアム会員向け販売価格」です。値引き対象を限定しているので、景品表示法の規制対象になりません。

　商品ページでは、お客様がYahoo!プレミアム会員の場合と、会員でない場合では表示が異なります。1つめの画像がお客様がYahoo!プレミアム会員の場合で、2つめが会員でない場合です。会員でない場合は、会員になるようおすすめされ、プレミアム会員価格が表示されています。また検索画面でも、Yahoo!プレミアム会員だと値引き後の価格が表示されますが、会員でない場合だと通常価格で表示されます。

プレミアム会員価格表示（会員向け）

プレミアム会員価格表示（非会員向け）

7

219

「Y!プレミアム会員向け販売価格」もセール価格と同様に、価格の自動切替設定を使うことができますし、いつでもプレミアム会員向け価格を安くしたい場合は上段の「Y!プレミアム会員向け販売価格」に入力すれば、安くすることができます。

COLUMN

クーポンとセール価格などの値引き、どちらが効果的か

クーポンで割引にするか、セール価格などで値引きにするか、お客様にとってはどちらの方法でも安く購入できるので、販売促進としてどちらを採用するかは難しい問題です。Yahoo!ショッピングの場合は、クーポンと値引きでは以下のような違いがあります。

- クーポンの場合はクーポン一覧ページからのアクセスが見込める
- クーポンは利用したお客様だけでなく、獲得したお客様の数もわかる
- クーポンはいつでも発行できるが、セール価格は景品表示法の制限がある
- 値引きのほうが商品ページや検索画面で目立つ

クーポンとセール価格の両方を設定していると、以下のようになります。セール価格のほうが目立っています。

このような違いがありますが、セール価格で値下げしたほうが効果が高いようです。商材やお店のコンセプトなどでも違いが出るので、どちらが効果的なのかテストしてみることをおすすめします。

クーポンと値引き

メルマガ・LINE・バナーで
お客様に告知する

　倍!倍!ストアやクーポンなどの販売促進をおこなっただけでは、商品ページや検索結果に表示されるだけです。表示されるだけでも十分な効果がありますが、メールマガジンやLINEなどを活用してお客様に告知しましょう。さらに、ページにもバナーを掲載すると効果的です。

≫ ニュースレター（メールマガジン）で告知する

　Yahoo!ショッピングでは、メールマガジンのことを**ニュースレター**という機能名で呼んでいます。そのため、以降はニュースレターという言葉を使います。ニュースレターを出すには、ストアクリエイターの画面で「6-ストアニュースレター」の「ニュースレター作成・管理」をクリックします。ニュースレター作成の画面になるので「新規作成」をクリックします。

ニュースレター作成・管理

ニュースレターを新規作成

> **ニュースレター作成**
>
> **1** 新規作成
> 　ニュースレターを新規作成する場合は、「新規作成」ボタンを押してください。
>
> 　[新規作成]　▶ ニュースレター配信のノウハウはこちら　▶ ストアニュースレターマニュアルはこちら

　ニュースレターの種別を選択します。お客様のメールアドレスの種類によって、パソコンとモバイルがあります。Yahoo!ショッピングではパソコンのメールアドレスで登録している人が多いので、ここでは「パソコンHTML」を選びます。

メール種別

　配信対象を選ぶ画面になるので、通常は「登録者全員に配信する」を選んで、「保存して次へ」を押します。

配信対象

　ニュースレターの内容を自分でゼロから作るか、テンプレートをもとに作成するか選びます。HTMLの入力に慣れている場合は「自由編集型（HTML入力）」を、慣れていない場合は「商品紹介型」がおすすめです。ここでは、「商品紹介型」を選んでみます。

　選択したテンプレートに、パーツを追加したり順序を変更することができます。紹介したい商品が多い場合や、バナーなどでアピールしたい場合は右側の枠から左に追加しましょう。

商品紹介型テンプレート

　ニュースレターの内容を作成する画面になります。「件名」のほかに、登録したパーツが表示されているのでそれぞれ入力します。まずは「件名」の「編集」をクリックします。

ニュースレターの内容を編集

編集		パーツ	原稿容量 制限：585.9KB
編集 未編集	1	件名　※必須	-
-	2	ヘッダー	2.3KB
編集 未編集	3	フリーテキスト	0KB
編集 未編集	4	アイテム 商品 一行3アイテム	0KB
-	5	フッター	3.5KB
		使用：	7.8KB
		残り：	578.2KB

　件名は、お客様がそのメールを読むかどうか判断する、重要な部分です。アピールしたい内容をしっかり記載しましょう。文字数は全角50文字まで入りますが、メール画面では最初の10〜20文字ぐらいしか出ないので、わかりやすく短めに記載します。

件名

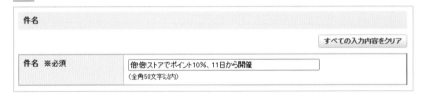

　「件名」が入力できたら、次のパーツを編集します。ここでは「フリーテキスト」の編集画面です。今回のレイアウトでは商品一覧の上部に配置してあるパーツなので、開催するイベントの内容などをわかりやすく記載します。

フリーテキスト

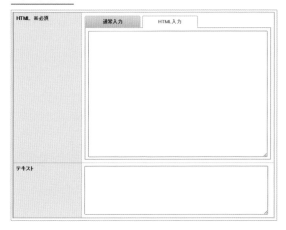

　次に「アイテム　商品」欄を入力します。欄が長いので、まずパーツタイトルの欄から入力します。ここでは、紹介する商品に合わせたタイトルやリード文を入力します。

パーツタイトル

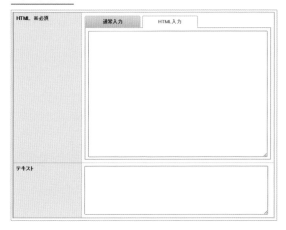

　続けて「アイテム　商品」欄を入力します。商品コードを入れたら、商品名や画像などは自動で入ります。

商品アイテム

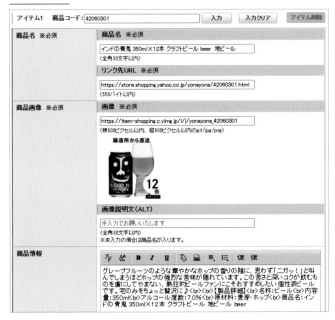

1個入れたら、画面をスクロールして「アイテム追加」を押し、次の商品を入力します。紹介したい商品の入力が終わったら、「保存」を押します。

アイテム追加

すべてのパーツの入力が終わったら、「保存」を押します。テスト配信先を入力する画面になるので、自分のメールアドレスを入力してテスト配信をおこないましょう。受信したメールが問題なく表示されていることが確認できたら、「配信予約」をすれば完了です。

テスト配信

テスト配信先メールアドレス	☐
	☐
	☐

戻る　　テスト配信

≫ ニュースレターの効果

ニュースレターの効果は、配信した後に確認するようにしましょう。さらに、ニュースレターは配信するたびに少し内容を変えて、どのような内容にすれば効果が高いかテストしましょう。件名を変えれば開封率に変化が出ますし、掲載する商品やバナーを変えればクリック率に変化が出ます。

ニュースレータの効果は、ストアクリエイターの画面で「6－ストアニュースレター」の「ニュースレター作成・管理」をクリックし、「ストアニュースレター」から確認します。

ストアニュースレター

ニュースレター作成・管理　配信対象管理　メールアドレス管理　ストア情報管理　レポート　シナリオメール

レポート

配信したニュースレターやシナリオメールの開封数やクリック数が確認できます。

ストアニュースレター	ストアニュースレターのレポートが確認できます。
シナリオメール	シナリオメールのレポートが確認できます。

戻る

確認したい月をクリックします。

※以下の図では、数字などは非表示にしています。

月次レポート

配信年月	配信回数	配信数	開封数	開封率	クリック数	クリック率
2022年7月	3					
2022年6月	8					
2022年5月	3					
2022年4月	5					
2022年3月	6					
2022年2月	5					
2022年1月	7					
2021年12月	9					
2021年11月	4					
2021年10月	7					
2021年9月	4					
2021年8月	8					

1 2 3 4 5 6 7 8 9 次へ＞

　その月に配信したニュースレターの配信数や開封率などが確認できます。開封率とクリック率を重点的に見るようにしましょう。ニュースレターの件名をクリックすると、HTMLメールの場合はバナーや商品ごとのクリック数も確認できます。

ニュースレターの効果

メールID	メール管理名	メール種別	件名	▼配信日時	配信数	開封数	開封率	クリック数	クリック率
186656275	20220705 メルマガ(夏袋)	HTML							
186336319	20220705 メルマガ(お中元)	HTML							
186233608	20220701 メルマガ(夏袋)	HTML							

　Yahoo!ショッピングのニュースレターの効果は、楽天のメールマガジンと比べてかなり低い傾向があります。楽天では開封率（メールを少しでも見たお客様の割合）は4割以上、店舗によっては8割以上になることもしば

しばありますが、Yahoo!ショッピングのニュースレターの開封率は10%ぐらいです。ニュースレターを配信したらそれだけで一気に売れる、といったことは少ないので、効果を確認しながら、できるだけ多くのお客様に読んでいただけるように、改善を続けましょう。

COLUMN

ニュースレター経由の売上を確認するには？

　ニュースレターの開封率やクリック数はニュースレターのレポート画面で確認できますが、売上については別の画面で確認します。ストアクリエイター上部のメニューで「販売管理」をクリックし、「レポート分析」から「ストアニュースレター」をクリックします。

ストアニュースレター分析

「日次」「週次」「月次」で、ニュースレター経由の売上が確認可能です。

ニュースレター経由の売り上げを確認

日付	配信回数	配信メール数	開封数	開封率	クリック数	クリック率	売上合計値	注文数合計	注文点数合計	注文者数合計	平均購買率	平均客単
2022/09/13	0	0										
2022/09/12	0	0										
2022/09/11	0	0										
2022/09/10	0	0										
2022/09/09	1											
2022/09/08	1											
2022/09/07	0	0										
2022/09/06	0	0										

▶▶ LINEで告知できるように初期設定をする

　Yahoo!ショッピングはLINEとも連携しているので、LINEでも配信するように設定をしましょう。

　ただしYahoo!ショッピングと連携しているLINEアカウントは、Yahoo!ショッピング専用になります。すでにLINEアカウントを持っていて友だちが沢山いても、Yahoo!ショッピング専用のアカウントとして友だち0人からスタートする必要があります。そこで、まずはLINEの友だちが増えるように設定をおこないます。

　ストアクリエイターの1番上にあるメニューで「LINE」をクリックし、「友だち登録機能」を「利用する」にして「設定」を押します。

LINE

「友だち登録機能」有効化設定

　これで、トップページや商品ページに以下のようなLINEの友だち追加ボタンが表示されます。

友だち追加ボタン

≫ LINEで告知する

LINE友だちの数が増えてきたら、LINEでも告知をしましょう。ストアクリエイターで上部に出ている「LINEオフィシャルアカウント」の「LINEチャット」をクリックして、「ビジネスアカウントでログイン」をするとLINE配信が可能です。

LINE チャット

お知らせ
注文管理
新規注文 　　　　　0件
注文未完了 　　　　0件
お問い合わせ管理ツール
出店者回答待ち 　　0件
LINEオフィシャルアカウント
LINEチャット
キャンペーン情報
キャンペーンスケジュール（全ストア対象）

≫ バナーを貼っておく

ニュースレターやLINEでの告知で、すでにお客様や友だちになっている方へは告知できますが、初めて商品を買おうとしているお客様にもわかりやすいように、イベント内容の**バナー**を貼っておきましょう。

バナーを貼っておく場所は、スマートフォン版のトップページとパソコン版新ストアデザインの看板がおすすめです。それぞれの設定のしかたは4章をご覧ください。

以下のように、スマートフォンでもパソコンでもわかりやすいバナーを作成して、両方に入れると効率的です。

バナー

イベント対策の成功例

　実際にイベント対策を強化して、イベント時の売上が大きく伸びている事例を紹介します。

　マット類やアイデア清掃用品などを製造しているメーカー、「サンコーオンラインショップ」様では、イベント時の売上アップのために基本的なイベント対策はすべて実施しています。

≫ 倍!倍!ストアへの参加

　倍!倍!ストア非参加時に比べて、倍!倍!ストアに参加したほうが売上が大きく伸びることを、イベントがない時期に試して検証しました。またポイント5％枠と10％枠をそれぞれ試した結果、10％枠のほうが伸びがよいのと、販促費の枠内で問題ないため、以前おこなわれたイベント「5のつく日曜日祭」では10％枠で参加しています。

≫ アイテムマッチの強化

　サンコーオンラインショップ様ではアイテムマッチのROAS（費用対効果）がジャンル平均よりも高めで、普段から効果的に活用しています。5のつく日曜日祭のときは、入札価格を普段の1.5倍にして予算もアップしました。全売上のうち、アイテムマッチ経由の売上は約半分と大きく売上に貢献しながら、ROASは普段よりも3割アップと効果的な運用ができました。

≫ クーポンの用意

　普段の注文単価をもとにして、3,000円以上で300円OFF、7,000円以上なら700円OFF、20,000円以上で2,000円OFFの3種類のクーポンを用意しま

した。

　1番利用されたのは300円OFFクーポンですが、2,000円オフクーポンも10人以上利用するなど、5のつく日曜日祭にまとめ買いをしたいお客様を獲得することができました。

クーポン

▶▶ メルマガやLINEでの告知

　LINEについては、サンコーオンラインショップ様では友だちの数はあまり多くありませんが、イベント時は必ず配信をしたことでLINE経由でも複数の注文が入っています。

季節イベントの傾向

　Yahoo!ショッピングに限らず、バレンタインデーやお中元などの季節イベントは、大きく売上が伸びるチャンスです。そこで、Yahoo!ショッピングにおける季節イベントの特徴を紹介します。

▶▶ Yahoo!ショッピングは季節イベントの需要が少なかったが、今後に期待できる

　Yahoo!ショッピングの季節イベントは、楽天に比べると需要が少ない傾向があります。

　こうしたトレンドは、検索回数で確認するのが1番確実です。楽天では

楽天キーワードランキングを毎日公開していますし、Yahoo!ショッピング
でも2020年5月20日までは公開していました。弊社では2017年から楽天
とYahoo!ショッピングのキーワードランキングを保存しているので、この
データでトレンドを見てみます。

　以下のグラフは、コロナ前である2019年の「お中元」のキーワードラン
キングです。楽天では継続して「お中元」は検索されており、7月12日か
ら7月17日は1位になっています。一方、Yahoo!ショッピングでは「お中元」
は7月前半に少しキーワードランキングに出てくる程度で、順位も7月7日
の9位が最高です。

キーワード「お中元」のランキング推移

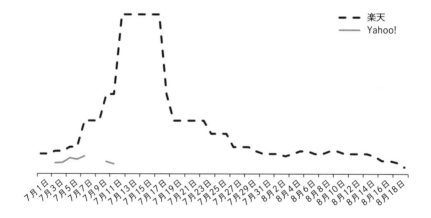

　しかしコロナ禍になってから、Yahoo!ショッピングでも季節イベントが
盛り上がるようになってきました。特に超PayPay祭と重なった2021年の
母の日は、売れすぎて早い段階で在庫切れになる店舗が続出したほどでし
た。そのため、今後はYahoo!ショッピングでも季節イベントの盛り上がり

が期待できます。

≫ Yahoo!ショッピングはイベントが盛り上がる期間が短い

　次のグラフは2019年の「父の日」のキーワードランキングです。楽天に
比べて、Yahoo!ショッピングでは6月3日に12位と最初の順位はやや高め
ですが、その後の検索回数はあまり伸びず、1位になるのは6月18日の1日
だけで、そのままキーワードランキングからいなくなりました。楽天は6
月13日に3位になったあと急激に盛り上がり、6月16日から6月20日まで
1位をキープしています。

キーワード「父の日」のランキング推移

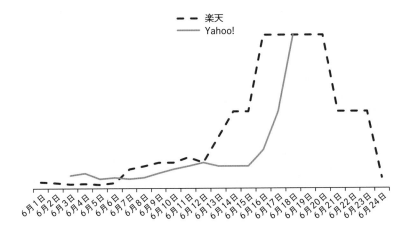

　このように、Yahoo!ショッピングでは楽天に比べると季節イベントの期
間が短いという特徴があります。これは、楽天では店舗がメールマガジン
で告知したり、楽天自体が季節イベントを盛り上げるために長年努力して
きた、という要因があります。Yahoo!ショッピングは後発のモールなので、
こうした季節イベントではやや劣ってしまいます。

≫ Yahoo!ショッピングで売れる季節イベントの順序

Yahoo!ショッピングに限らず、最も売れる季節イベントは母の日です。キーワードランキングデータで、1位になった日数および1位から20位だった日数で、イベントごとに比較してみました。季節イベントの規模感の参考にしてみてください。

イベント別のキーワードランキング推移

イベント	1位	1位〜20位	実際のキーワード
母の日	30日	38日	「母の日」
父の日	1日	16日	「父の日 プレゼント」
バレンタインデー	1日	3日	「バレンタイン」
お中元	0日	9日	「お中元」
敬老の日	0日	7日	「敬老の日 プレゼント」
お歳暮	0日	1日	「お歳暮」
ホワイトデー	0日	0日	

季節イベントの対策

≫ 季節イベント用の広告を買う

季節イベントでどれぐらいの売上を狙うかによって、対策も変わってきます。季節イベントで100万円以上の売上を狙っていくには、検索対策やアイテムマッチ広告だけでは実現しにくくなっています。季節イベントでは父の日特集ページなど特集ページが用意されており、Yahoo!ショッピングでも誘導を強化しているので、大きなアクセスが見込めます。

▶ 父の日特集ページの例

https://shopping.yahoo.co.jp/promotion/event/seasonal/fathersday/

　Yahoo!ショッピングでは特集ページに掲載できる広告や、Yahoo!ショッピングが季節イベントに合わせて配信するニュースレター（メールマガジン）などの広告が用意されているので、こうした広告を購入するのがおすすめです。

　季節イベント用の広告は販売開始が早いのと、通常の広告とは購入手順が異なります。半年ぐらい前にはYahoo!ショッピングの担当に連絡して、どのような広告を買うか相談しておきましょう。広告によってはYahoo!ショッピングの審査があります。

　広告によっては、掲載内容の差し替えが可能なので、差し替えをしてどのパターンなら売れるかテストもしてみましょう。

≫ 商品ページは早めに作り込む

　季節イベントが売れだす時期になってから商品ページを作っていては、ライバル店舗に出遅れてしまいます。最低でも、季節イベント商戦がはじまる1ヵ月前には商品ページが完成している状態にします。広告を購入する場合は、さらに早めに準備する必要があります。

　商品ページは、季節イベントに最適化した内容を用意しましょう。たとえば母の日の場合は、赤やピンク色をベースにして、お母さんが喜んでくれるというイメージを出したページ内容にします。

　同じ商品をいろいろな季節イベントで売っていく、という場合もページ内容を変えたほうが売上が伸びやすくなります。たとえば「川本屋」様では、同じ商品でも商品画像を季節イベントによって変更しています。同じ商品ですが、母の日と父の日でイメージを変えているのがわかると思います。

7

母の日仕様の商品画像

父の日仕様の商品画像

▶▶ キーワードは毎日チェックする

　Yahoo!ショッピングの季節イベントでは、ライバル店舗も多いので対策をしてもなかなか上位が取りにくい傾向があります。特に「母の日」のようなイベント名だけのキーワードは、広告を購入して売上実績が高い商品でないと、上位が取れません。そのため、キーワードをこまめにチェックして、「母の日 2022 プレゼント 70代」のような4単語のキーワードも積極的に狙っていきましょう。さらにキーワードの候補が入れ替わることがよくあります。イベント期間中は毎日チェックして、ライバル店舗が少ないキーワードを狙っていくようにしましょう。

▶▶ 季節イベントで重要なキーワード

　Yahoo!ショッピングの季節イベントでは、「2022」などの年号が最重要キーワードなので、必ずその年の年号を入れるようにしましょう。また「プレゼント」、「ギフト」というキーワードも重要ですが、季節イベントによって両方の検索回数が多い場合や、どちらかにかたよる場合があります。たとえば「母の日」は「ギフト」と「プレゼント」の両方とも多いですが、敬

老の日は「プレゼント」が中心、お歳暮やお中元などのビジネスメインの
イベントは「ギフト」が中心です。

　一方、Yahoo!ショッピングの季節イベントでは、楽天などに比べて検索
回数の少ないキーワードもあります。母の日では、楽天では人気の「早割」
はそれほど検索回数が多くありませんし、「送料無料」もほとんど検索さ
れません。Yahoo!ショッピング特有のキーワードを探すことが、季節イベ
ント対策では重要なので、Yahoo!ショッピングの検索窓で候補ワードを定
期的にチェックして、対策をしましょう。

7

長期的に発展できる
運営体制を作る

売れ続けるためのステップ

　ここまで、Yahoo!ショッピングの基本的なSEOのやり方や、イベント対策などを解説してきましたが、長期的に発展できる店舗になるためには、長期的に売れ続けること、利益が残る体制を作ること、安定して運営できる体制を作ることの3点が重要です。

　長期的に売れ続けるためには、以下のステップで運営をおこなっていきましょう。

- 状況を定期的にチェックする
- 記録をしっかり取る
- 状況に変化があったら改善をおこなう

店舗の状況を定期的にチェックする

≫ 全体分析で全体的な状況を確認する

　状況を定期的にチェックするために、最初に全体的な状況を確認します。全体的な状況を見るには、ストアクリエイターの「7 - 販売管理」の「全体分析」をクリックします。

全体分析

さまざまな項目が並んでいますが、「全体分析図」については、いったん「非表示」にして大丈夫です。全体分析では、大まかな売上の傾向をグラフで確認しましょう。

実績値の推移

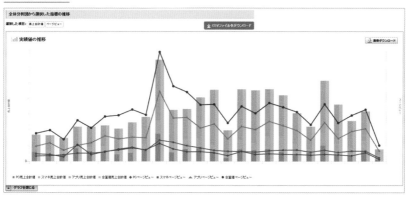

画面下部の「売り上げ実績」で具体的な数字を確認していきます。ここでは「売上」と「平均購買率」、「平均客単価」、「訪問者数」を必ず確認しましょう。その他の項目は、大きな変化があったときだけチェックすれば問題ありません。以降の図は、機密情報を含むため、数字を非表示にしています。

売り上げ実績

日付	売上合計値（前年比）	注文数			優良配送			平均購買率（前年比）	平均客単価（前年比）	ページビュー（前年比）
		注文数合計（前年比）	注文点数合計（前年比）	注文者数合計（前年比）	売上合計値（前年比）	売上シェア率（前年比）	注文数合計（前年比）			
2022/07										
2022/06										
2022/05										
2022/04										
2022/03										
2022/02										
2022/01										

8

ページビュー、セッション、訪問者数の違い

　売り上げ実績の画面では、ページビュー、セッション、訪問者数とアクセス数にかかわる項目が3つ並んでいます。訪問者数だけ見ていれば大丈夫ですが、それぞれの違いは以下のようになっています。

ページビュー

　閲覧されたページ数の累計。同じお客様が100個の商品ページを見たらページビューが100になります。

セッション

　時間を空けて店舗を見に来た回数です。同じお客様が朝1回、夜に1回見に来た場合は、セッションが2になります。Yahoo!ショッピングでは30分間経ってからアクセスすると、別のセッションと計測されます。

訪問者数

　店舗を見に来たお客様の数です。セッションと異なり、時間が経っても同じお客様なら訪問者数は1になります。日次、月次で計測は異なります。8月1日に1回、8月2日に1回店舗を見に来たお客様の場合、日次では8月1日が1、8月2日が1になり、月次では8月が1になります。

≫ 流入・離脱分析で検索経由のアクセスを確認

　次に確認するのは、「流入・離脱分析」です。「販売管理」の中で「流入・離脱分析」をクリックします。

流入・離脱分析

「流入・離脱分析」では「月次」に切り替えて確認するのがおすすめです。

お客様がどこから来たか確認することができますが、重点的に見たほうがよい項目は「検索結果」です。「検索結果」はYahoo!ショッピング検索から来たお客様のことなので、「検索結果」からの訪問者数は増えているか、売上につながっているか確認します。なおアイテムマッチ広告を利用している場合は、「検索結果」にアイテムマッチ経由の訪問や売上も含まれて表示されます。この「検索結果」の訪問者数が増えているか、定期的にチェックしましょう。

流入分析

参照元	ページビュー	訪問者数	売上合計値(税込)	注文数			平均購買率	平均客単価
				注文数合計	注文点数合計	注文者数合計		
検索結果								
商品詳細								
Google自然検索								
Yahoo!ショッピングトップ								
その他								
Myショッピング-閲覧履歴								

COLUMN

流入・離脱分析に出ている項目

「流入・離脱分析」では、さまざまな項目が表示されています。このうち、アクセスが多い項目を紹介します。

商品詳細
他店舗を含む、商品ページから来た場合。

検索結果
Yahoo!ショッピング検索からのアクセス。

8

カテゴリ絞り込み結果
　Yahoo!ショッピングのカテゴリで検索をした場合。

Yahoo!ショッピングトップ
　Yahoo!ショッピングのトップページからのアクセス。Yahoo!ショッピングのトップページには「最近閲覧した商品」や「おすすめ商品」などさまざまな商品を紹介する欄があり、それらからアクセスがあった場合です。

カート
　買い物かごに入れていた商品を見に来た場合。

≫ 商品分析で商品別の状況を確認

　次に、「商品分析」で商品別の状況を確認します。商品が売上の多い順に並んでいるので、売上の状況や訪問者数、購買率を確認します。カラーやサイズ別でバリエーション登録している商品は、「▼」マークをクリックすると、バリエーションごとの売上が表示されます。

商品別レポート

選択	商品名	商品コード	売上合計値(税込)	注文数			平均購買率
				注文数合計	注文点数合計	注文者数合計	
☐		3005-11-005▼					
☐		h-geta00▼					

　「貢献度」という項目がありますが、店舗内で売れている順位です。1位の後ろに（1位）などカッコ内に入っている順位は、カテゴリ内での順位です。店舗内で、その商品が登録されているカテゴリのうち、売上が何位だったかという項目です。

　「商品分析」では、売りたいと思っている商品がちゃんと売れているか、また売上または訪問者数が急に落ちていないか、重点的に確認します。

　この「全体分析」、「流入・離脱分析」、「商品分析」は少なくとも週に1回、できれば毎日、変化がないかチェックするようにしましょう。

≫ お客様分析でリピート率を確認

　食品ジャンルやコスメジャンルなど、お客様にリピートしてもらうことが重要な商材は、「お客様分析」でリピート率を確認しましょう。

　「販売管理」で「お客様分析」を開くと、「属性別実績値」として「新規」、「 リピーター(ライト)」、「リピーター(ヘビー)」として表示されています。今月注文したお客様で、「 リピーター(ライト)」は過去1年間で2回目の購入だったお客様、「リピーター(ヘビー)」は過去1年間で3回以上購入しているお客様です。1年以上空いている場合は、再度購入したお客様でも「新規」に分類されます。

お客様分析

「お客様分析」では、性別や年代、ソフトバンクユーザーかどうかなど、お客様の属性も確認することができます。

データを保存しておき、記録をしっかり取る

≫ アクセス数など、さまざまなデータは保存しておく

Yahoo!ショッピングでは、過去のデータの保存期限が決まっています。販売管理のアクセス数などのデータは過去2年分のデータが保存されます。アイテムマッチの商品別データと全体データについては、月別データは過去12ヵ月、日別データは過去3ヵ月分が保存されています。また倍!倍!ストアなどキャンペーンの参加履歴も過去3ヵ月が保存期限です。

≫ 販売管理に出ているアクセス状況データを保存する

「販売管理」では、毎日の売上など重要なデータが確認できるので、必ず毎月データを保存しておきましょう。

● 全体分析

「全体分析」では、「日次」のデータは過去3ヵ月分しか見ることができないので、毎月の月初に「日次」データを保存しておきましょう。「月次」のデータは過去2年分見ることができますが、保存し忘れを防ぐためにも「日次」データ保存と一緒に保存します。

全体分析

保存する際は、グラフの上に表示されている「CSVファイルをダウンロード」ボタンではなく、数字が表示されている売上実績の上にある「CSVファイルをダウンロード」ボタンを押します。こちらのボタンでないと、平均購買率などの重要な項目が含まれていないので注意してください。

売り上げ実績

◎ 流入・離脱分析

「流入・離脱分析」では、この本を執筆した2022年10月時点では過去のデータを見ることはできません。今月のデータも来月になったら消えてしまうので、月次データがすべてそろう毎月1日に必ずダウンロードするようにしましょう。毎月1日にダウンロードすることで、前月の1日から月末までのすべてのデータが保存できます。ダウンロードは、「流入分析」の下にある「CSVファイルをダウンロード」から可能です。

CSVファイルをダウンロード

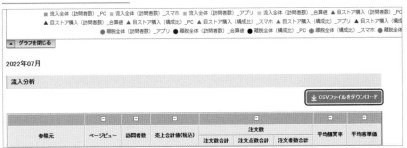

COLUMN

流入分析のデータを保存していない場合

「流入分析」の詳細な情報は毎月1日に保存しておかないと過去のデータを見ることができませんが、「流入元ページ」に出ている主な項目は過去のデータが閲覧可能です。「流入元ページ」で確認したい項目を選んで、「全体分析図から選択した指標の推移」の下にある「CSVファイルをダウンロード」を押すと、日次・週次・月次で過去のデータがダウンロード可能です。

流入元ページのCSVファイルダウンロード

流入元ページ: 検索	遷移先ページ: 購入 ✕ 離脱 ✕		並び替え ∨	統計推移を見る

流入元ページ

- 全体 訪問者数
- 外部サイト 訪問者数 (-%)
- トップページ 訪問者数 (-%)
- ストア全体 ※他ストアからの遷移も含む 訪問者数 (-%)
- 検索 訪問者数 (-%)
- 製品 訪問者数 (-%)
- ランキング 訪問者数 9 (-%)
- レコメンド 訪問者数 _ (-%)
- キャンペーン 訪問者数 (-%)
- カテゴリ 訪問者数 (-%)
- その他 訪問者数 (-%)

→

遷移先(自ストア)ページ

- ☑ 購入 購入率
- ☑ 離脱 離脱率
- カート投入 訪問者数 (0%)
- お気に入り保存 訪問者数 (1.1%)
- 購入 他ストア 訪問者数 (12.8%)
- カート投入 他ストア 訪問者数 (13.7%)
- お気に入り保存 他ストア 訪問者数 (11.4%)
- その他 訪問者数 (60.9%)

※流入元ページの「ストア全体」項目は自社ストア内の回遊と他社ストアからの遷移も含まれています

2020年06月 〜 2022年07月

全体分析図から選択した指標の推移

選択した項目: 検索 購入 離脱   ⬇ CSVファイルをダウンロード

⦿ 商品分析

「商品分析」では、「日次」データは過去3ヵ月、「月次」データは過去2年分表示されます。このうち、「月次」データは毎月必ず保存するようにしましょう。「日次」データは日数分ダウンロードが必要になるのと、分析するときに日次での細かい情報が必要になることは少ないので、余裕があったら保存する程度で大丈夫です。

● お客様分析

「お客様分析」のデータも「流入分析」と同様に、2022年8月時点では過去のデータを確認することができません。リピート率が重要な商材を扱っている場合は、「流入分析」のダウンロードと同様、毎月1日に月次のデータを保存しておきましょう。

≫ アイテムマッチのデータの保存

アイテムマッチのデータの保存は、アイテムマッチの画面に入って「実績・明細」からダウンロードが可能です。必ず保存しておくべきなのは、以下の項目です。

実績・明細

- 日別：月ごとに分けて、毎月データを保存しておく。
- 月別：毎月データを保存しておく。以下のように商品別の月次データとまとめておくと見やすい。
- 商品別：「月別」については、毎月データを保存しておく。「日別」については、アイテムマッチの利用額が多い場合は保存。

弊社では、以下のように月次で商品別データを記録しています。最上段にその月の全体状況を入れておくことで、すばやく振り返ることができます。

商品別アイテムマッチ状況の集計例

2022年6月	商品別アイテムマッチ状況								
	表示回数	クリック数	CTR	CPC	利用金額	注文数	注文個数	売上金額	CVR	ROAS
	10000	500	5	20	10000	100	100	100000	20	1000

カテゴリ	商品コー	商品名	表示回数	クリック数	CTR	CPC	利用金額	注文数	注文個数	売上金額	CVR	ROAS	5月	4月
テストカテゴリ	10000021	テスト用商	1000	50	5	20	1000	10	10	10000	20	1000	1200	1300
テストカテゴリ	sutai-nuno	テスト用商	1000	50	5	20	1000	10	10	10000	20	1000	1200	1300
テストカテゴリ	10000020	テスト用商	1000	50	5	20	1000	10	10	10000	20	1000	1200	1300
テストカテゴリ	10024482b	テスト用商	1000	50	5	20	1000	10	10	10000	20	1000	1200	1300
テストカテゴリ	10000019	テスト用商	1000	50	5	20	1000	10	10	10000	20	1000	1200	1300
テストカテゴリ	10012952b	テスト用商	1000	50	5	20	1000	10	10	10000	20	1000	1200	1300
テストカテゴリ	hankachi-n	テスト用商	1000	50	5	20	1000	10	10	10000	20	1000	1200	1300
テストカテゴリ	10024564	テスト用商	1000	50	5	20	1000	10	10	10000	20	1000	1200	1300
テストカテゴリ	10006469	テスト用商	1000	50	5	20	1000	10	10	10000	20	1000	1200	1300
テストカテゴリ	value-koud	テスト用商	1000	50	5	20	1000	10	10	10000	20	1000	1200	1300
テストカテゴリ	hankachi-n	テスト用商	1000	50	5	20	1000	10	10	10000	20	1000	1200	1300

▶▶ 広告を購入した場合も掲載結果を保存しておく

　アイテムマッチ以外の広告を購入した場合も、データを保存しましょう。

　広告の配信期間が終わったら、「10 - 出店者様向け広告」の「バナー・テキスト広告」を開きます。「広告掲載レポート」の画面で日付などの条件を指定すると、広告の掲載結果がダウンロードできるので、保存しておきましょう。

バナー・テキスト広告

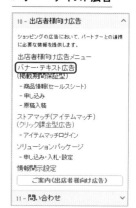

▶▶ イベントやおこなった対策は記録に取っておく

　店舗運営では、データで確認できること以外にも重要な情報はたくさんあります。たとえば、Yahoo! ショッピングでおこなわれたイベントや店舗でおこなったセールなどは、記録をしておかないと、わからなくなってしまいます。さらに倍!倍!ストアなどのキャンペーン参加を記録しておくことも重要です。それ以外にも、新商品の販売強化のために広告を強化した、といった販売促進などの内容も記録をしておきましょう。

　こうした記録を取りながら定期的に振り返ることで、どのような販売促進をおこなったら効果が高いか検証ができるので、長期的な売上アップに

つながります。紙のカレンダーに手書きしておく方法でも、毎日の売上を記録したExcelに記載する方法でも、どのような方法でも構いませんので、自分で振り返りをしやすい方法で記録しておきましょう。

》 日報を書くのもおすすめ

日報という形で、毎日の売上と訪問者数、業務内容や店舗運営で気づいたことを記録するのもおすすめです。1人で店舗運営している場合でも、自分だけの日報として記載してみましょう。日報を書くメリットは2点あります。

- 売上という数字を毎日記録することで、売上を上げることへの意識が高まる。
- 日報を書くことで毎日の業務内容を振り返る時間が確保でき、業務効率のアップと店舗の成長につながる。

目標を立てて、状況に合わせて対策をする

》 目標を立てる

店舗を長期的に発展させていくうえで大事なことは、目標を立てて、その目標を達成するためにどのような施策をするか、考えることです。そして毎月、目標が達成できたか、施策の内容はどうだったか、保存したデータをもとに振り返っていくことで、店舗を発展させていくことができます。

目標は売上金額でもいいですし、Yahoo!ショッピングでも採用されている、「売上の公式」で設定する方法のどちらでも構いません。個人的には、売上金額のほうが意識しやすいと感じています。

8

売上の公式

　目標はストアクリエイターの画面で設定すると、進捗が確認できるようになるので便利です。以下の図の「目標値」というグラフに、目標に対する進捗が表示されます。「目標を設定する」をクリックすると、具体的な目標の入力画面になります。

ストア売上情報

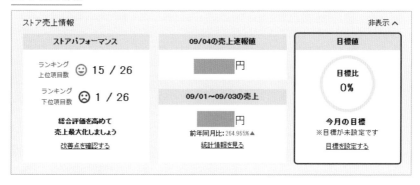

　訪問者数、購買率、客単価を入力すると、目標が設定できます。前月の実績などを参考に、入力してみましょう。

売上の目標設定

　最初に書いたように、売上金額の目標から逆算して訪問者数などを設定する方法でも、この画面のように訪問者数などを積み上げて入力する方法でも、どちらでも構いません。大事なことは、目標として設定した数字を意識することです。

≫ 売上が急に増えた、急に減ったときも順番に確認

　売上が急に増えた時や急に減った時、理由を確認して対策する必要があります。まずは全体分析で昨年や先月の状況と比較して、訪問者数はどうか、転換率はどうか、大まかな傾向をチェックします。次に流入元や商品別で詳細な理由を確認するのと、日報などの記録も振り返って確認します。特に売上が急に減った時は、早急な対処が必要なので、この順番で何が理由なのか調べてみましょう。

≫ 訪問者数が減少している場合

　訪問者数が減少していた場合は、流入・離脱分析でどの経路の訪問者数が減少しているかチェックし、次に商品別の訪問者数を比較します。流入・離脱分析で減少しやすいのは、Yahoo!ショッピングのアクセスで多くを占める「検索経由」です。

● 全体的に「検索経由」の訪問者数が減少している

　検索経由の訪問者数が減少している場合は、実際に検索して順位がどうなっているか、価格などでライバルに負けていないか、確認しましょう。全体的に減少しているので、主要な商品のキーワードすべてチェックする必要があります。順位が落ちている場合はキーワードの見直しをおこない、ほかのキーワードを探すか、重要なキーワードの場合はPRオプションの料率を上げて、順位がどうなるか確認します。

　順位チェックをするときは、検索窓に出てくる候補ワードもチェックし

　ましょう。昔は上位に出ていた候補ワードだったのに、今は上位がほかの
候補ワードに変わっている、という場合があります。その場合は、新しい
候補ワードに合わせた対策をおこないます。

　Yahoo!ショッピング検索では、優良配送の優遇が強化されるなど、検索
で重視される項目が変わることがあります。そうした変化がなかったか、
情報収集もおこないます。

　アイテムマッチを使っている場合は、アイテムマッチの状況も確認します。
アイテムマッチ経由のクリック数が減っていないか、確認しましょう。

◉ 全体的に「検索経由」以外の訪問者数が減少している

　「検索経由」以外の訪問者数が減少している場合は、特に減少が多い項
目を流入・離脱分析で確認します。

　広告からの訪問者数が減少していたら過去の広告内容をチェックして、
同じような効果が出せそうな広告を探します。

　Google自然検索やYahoo! JAPAN自然検索などの検索エンジンからの
アクセスは、どのキーワードで来たか確認することができないのとコントロー
ルすることが難しいので、無理に対策をしないでほかの部分で訪問者数を
増やすようにします。

◉ 特定商品だけ訪問者数が減少している

　特定商品だけ訪問者数が減少している場合、ほとんどのケースでライバ
ル商品が出てきたことが原因です。まずは対策していたキーワードで検索
をして、順位チェックとライバル商品のチェックをおこないます。ライバ
ル商品が新しく増えていたら、価格や画像など負けている要素はないか検
証して、対応します。

　また日報などの記録を振り返り、以前メディアで紹介されたなどの要因
がないかもチェックします。メディア紹介などの特殊要因で去年売れていた、

などの場合はやむを得ないので、ほかの商品が売れるように販促をがんばっていきましょう。

》 転換率が低下している場合

転換率が低下している場合は、お客様が買い物を止める割合が増えてしまったということです。そこで、流入・離脱分析で流入元ごとの離脱数を確認しましょう。「流入元ページ」で「トップページ」などそれぞれの項目を選択します。見やすいように「購入」のチェックは外すのがおすすめです。

離脱率

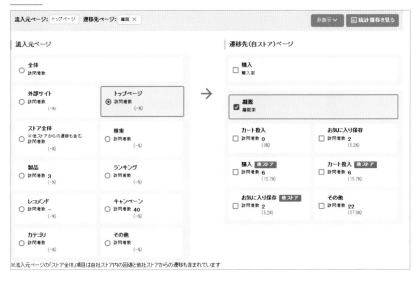

グラフに選択した項目での離脱数の推移が確認できます。

離脱率の推移

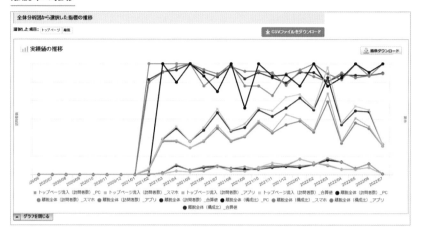

　特に離脱が多くなっている項目があったら、対策をおこないます。たとえばトップページ経由の離脱が多くなっている場合は、トップページに配置するバナーなどの内容を変えてみます。

≫ モール全体の状況も確認する

　Yahoo!ショッピングの担当がついている場合は、Yahoo!ショッピング全体の状況がどうだったか、自分の店舗が所属するカテゴリの状況がどうだったか、確認してみます。Yahoo!ショピング全体や、カテゴリ全体が大きく変化している場合は、全体の状況に合わせて対応していきます。

利益管理をおこなう

　Yahoo!ショッピングに限らず、ネットショップ運営は販促費などのコストがかさむため、売上は伸びたけど利益は伸び悩む、といったことが起こ

りがちです。そのため、販促費などのコスト管理をしっかりおこなって、利益が残る体制にしていきましょう。

≫ ネットショップの利益

ネットショップの場合、利益は単純化すると以下のようになります。

利益（単純化した式）

売上 − 原価 − 一般管理費 − 販促費 ＝ 利益

商品の売上金額から、原価として仕入れ商品の場合は仕入金額、製造している場合は製造原価を引き、一般管理費としてYahoo!ショッピングに払う手数料や事務所の家賃などを引き、販促費として広告費やキャンペーンに参加した費用を引くと、利益額がわかります。

≫ Yahoo!ショッピング運営でかかる費用

Yahoo!ショッピングにかかる手数料を見てみると、以下のようになります。

利益管理

項目	手数料
毎月の固定費	無料
売上ロイヤルティ	無料
ストアポイント原資負担（税込）	1.0%
キャンペーン原資負担（税込）	1.5%
アフィリエイトパートナー報酬原資	0.2%
アフィリエイト手数料	0.06%
決済サービス手数料	3.0%
合計	5.8%

Yahoo!ショッピングの運営では、PRオプションを使わず、広告費をまっ

たくかけない状態でもおおよそ5.8%の手数料がかかってきます。

　しかしPRオプションを全く使わず、広告費を全くかけない状態では、ほとんどの店舗で売上が伸びないので、PRオプションの料率を上げたり、アイテムマッチなど広告費をかけていき、またイベント時には倍!倍!ストアに参加する、といったことが必要です。

　そこで、まずは毎月どれぐらいの手数料がかかっているか、確認しましょう。ストアクリエイターの「9 – 利用明細」の「請求明細」を開きます。

請求明細

9 – 利用明細	∧
精算明細	
請求明細	
受取明細	
マニュアル（利用明細）	

　各項目ごとにどれぐらいの金額が発生しているか、確認ができます。この画面は月の途中でも確認が可能ですし、過去の請求は「利用年月」を変更すると確認ができます。

　この図には出ていませんが、プロモーションパッケージに参加している場合は、プロモーションパッケージ料という項目が表示されます。

各項目の利用状況

利用状況		
請求締め日	利用項目（件数）	金額（税込）
	PRオプション利用料	円
	カード決済手数料	円
	ソフトバンクケータイ支払い手数料	円
	ワイジェイカード・PayPayカード決済手数料	円
	PayPay決済手数料	円
	PayPayあと払い決済手数料	円
2022年05月31日	キャンペーン原資	円
	ストアポイント原資	円
	Yahoo!ショッピング トリプル 300MBプラン	円
	特典の一部利用料キャンセル分	円
	アフィリエイト手数料	円
	アフィリエイトパートナー報酬原資	円
	販促企画原資	円

　ここに出ている請求明細とは別に、アイテムマッチなどの広告費用は別に発生するので、注意してください。

　「PRオプション利用料」については、倍!倍!ストアに参加してPRオプションが上がっている時の金額も含んでいます。そのため、倍!倍!ストアに参加したらどれぐらいの費用負担になるかわかりにくくなっているので、おおよその費用が確認できるExcelを用意しました。こちらの利益管理Excelは以下のURLからダウンロードできます。

▶ 利益管理エクセル

https://www.aldo-system.jp/cost/

　「PRオプション」欄には普段のPRオプション料率、倍倍PR料率には倍!倍!ストアに参加したときのPRオプションを入れます。そして、倍!倍!ストアに参加しようと思っている日に、ポイント5%に参加する場合は「5」、ポイント10%に参加する場合は「10」と入れていきます。プロモーションパッケージに参加している場合は、プロモーションパッケージ料3%を含んだPRオプション料率を入力してください。

　そうすると、倍!倍!ストアに参加することでどれぐらいの負担になるか、おおよその割合を確認することができます。

利益管理

6月					日数	30			
日	月	火	水	木	金	土	PRオプション	5.0%	普段のPRオプション料率
			1	2	3	4	倍倍PR料率	10.0%	倍倍ストア参加時の料率
倍倍						5			
5	6	7	8	9	10	11	ポイント負担	1.0%	
倍倍 5						5	キャンペーン原資	1.5%	
12	13	14	15	16	17	18	アフィリエイト手数料	0.3%	
倍倍 5						5	決済手数料	3.0%	
19	20	21	22	23	24	25			
倍倍 5						5			
26	27	28	29	30			通常課金	10.8%	
倍倍 5							倍倍参加 課金	16.63%	

超PayPay祭などイベントについては、こちらのExcelで計算されないので、イベントで倍!倍!ストアに参加するときは倍!倍!ストアのポイントとPRオプション分、そのままの費用が発生すると大まかに計算するのがおすすめです。

≫ 利益率を意識しながら、キャンペーン参加と広告費をかけていく

売上に対してどれぐらいまでなら販促費をかけていいか、決算書などを見ながら考えてみましょう。そのうえで、先ほどのExcelで倍!倍!ストアに参加するとどれぐらいの費用がかかるかイメージしておき、広告費やクーポンなどの販促にどれぐらいの割合までかけていいか、判断します。

≫ 店舗の段階に合わせて利益管理をする

開店してすぐの場合や、これから売上を伸ばしていく段階では、投資として販促費をかけていくことも必要になります。Yahoo!ショッピングでは、売上実績がある商品のほうが検索でも有利になるうえに、アイテムマッチなどでも有利になるからです。大まかな金額でいいので売上目標を立てたうえで、どれぐらいの金額を販促費にかけるか判断してください。

運営体制を効率化する

長期的に店舗を成長させていくには、効率的に運営できる体制を整えることも重要です。商品登録や受注処理など基本的なオペレーションを社内ですばやくできるようにしつつ、状況によっては外部の業者に依頼するなど、売上が増えても問題なく対応できる体制を目指しましょう。

▶▶ 商品登録と編集の効率化

　新商品を定期的に登録しないといけない場合、商品登録や編集は大きな負担になってきます。さらにYahoo!ショッピングの場合、3章で解説したように商品のSEOと見た目の修正もおこなっていく必要があります。そこで、基本的な商品登録の流れについて、スタッフがすぐわかるように手順書を作成しておきましょう。

　たとえばSEOのために毎回キーワードを調べるのも大変なので、よく登録する商品ジャンルについてはどのようなキーワードを入れたらいいか、記載しておきます。

　手順書はいきなり完璧なものを作る必要はなく、Googleスプレッドシートや Evernote などのオンラインツールで管理して、必要があったらすぐに変更ができるようにしておくと便利です。手順書を作成しておくことで、商品登録を外部に委託するようなことがあっても、すぐに対応できるようになります。

▶▶ ネットショップ用システムの導入

　注文件数や商品登録数が増えていくにつれて、ストアクリエイターだけでは作業が大変になってしまいます。そうしたときは、ネットショップの管理システムを導入してみましょう。大まかな目安として、月の売上が100万円を超えてきたら導入するのがおすすめです。

　注文を効率的に処理できる受注管理機能や、Yahoo!ショッピング以外に楽天や Amazon に出店している場合に在庫数を自動で統一してくれる在庫管理機能、商品の更新作業がまとめてできる商品管理機能など、さまざまなシステムがあります。

　それぞれの機能だけの専用システムもありますし、受注管理と在庫管理に商品管理まで、すべての機能が含まれている一元管理システムもあります。

　以下のようなシステムがよく利用されています。

◎ ネクストエンジン

受注管理や在庫管理などが含まれている一元管理システム。料金が注文件数ごとの従量課金なので、売上が少ない店舗でも導入しやすい。

▶ ネクストエンジン

https://next-engine.net/

◎ CROSS MALL（クロスモール）

受注管理や在庫管理、商品管理等が含まれている一元管理システム。Aという単語を Yahoo! ショッピングでは B という単語にする「置換定義」機能など、設定をすることで効率的な商品登録が可能。

▶ CROSS MALL

https://cross-mall.jp/

◎ zaiko Robot

在庫管理に特化したシステム。オプションで、最短1分で各モールの在庫数を統一可能。

▶ zaiko Robot

https://www.hunglead.com/products/zaiko-robot.html

≫ 出荷業務の委託

Yahoo! ショッピングは優良配送に対応しないと売れにくいモールになっていますし、出荷業務は売上が伸びるほど負担が大きくなっていきます。自社で出荷して優良配送に対応できるなら大丈夫ですが、優良配送に対応するのが難しい場合や、出荷業務が多すぎてほかの業務ができないという場合は、出荷業務を物流サービスに委託することも検討しましょう。

Yahoo! ショッピングではヤマト運輸と提携したフルフィルメントサービス（物流代行）を提供していて、このサービスを利用すると Yahoo! ショッ

ピングに入った注文を自動的に出荷してくれます。またヤマト運輸のフルフィルメントサービス以外にも、Amazonが提供しているフルフィルメント by Amazon（FBA）、楽天が提供している楽天スーパーロジスティクス(RSL)などさまざまな物流サービスがあります。冷凍商品やギフト商品に強いなど、特化したサービスを提供している物流業者もいるので、要望にあった物流サービスを探してみましょう。

❯❯ ルーチン業務は自動化や外部業者の活用

毎日同じようなルーチン業務をしている場合は、RPA（ロボティック・プロセス・オートメーション）というルーチン業務を自動的におこなってくれるツールや、ルーチン業務を代行してくれる外部業者の活用も検討してみましょう。

RPAを利用すると、あらかじめ設定した条件に従ってRPAが自動的に処理してくれるので、ルーチン業務から開放されるだけでなく、ミスをしてしまうリスクも大きく減ります。

RPAは、以下のようなケースで利用すると効果が高いようです。

- 物流業者との配送データのやり取りや出荷実績の登録
- メーカーの発注システムへの入力

特にメーカーへの発注は、メーカーごとのシステムに入力しないといけないなど、RPA以外のツールでは自動化しにくいのでおすすめです。

ルーチン業務だが対応内容は人間の判断が必要など、RPAでは解決できない業務もあります。ほかにも問い合わせ対応など、お客様との連絡も業務量が増えがちです。こうした業務はバックオフィス業務の支援会社に依頼すると効率化できますし、受注管理業務をすべて依頼して、自分たちは商品を売ることに専念する、という活用もできます。リピート性が高い

商品の場合は、お客様対応が売上アップに重要ですし、商品開発のヒントになったりするので、社内で受注管理や問い合わせ対応をおこなうか、リピート商品に強い支援会社に依頼するのがおすすめです。

>> 複数モール出店も考える

　楽天市場やAmazonは、Yahoo!ショッピングに比べて3倍以上の規模があります。Yahoo!ショッピングで売れるようになったら、楽天市場やAmazonなどの複数モール出店も検討してみましょう。複数モール出店するには、先ほど紹介した一元管理システムを利用すると、商品の基本的な情報は複数モールに出品できるなど、効率化できます。

　楽天市場やAmazonは規模が大きい分競争も激しいのと、モール自体の環境が違うのでYahoo!ショッピングとは異なるノウハウが必要です。モール出店する際には、しっかり情報収集をして、自社の商材で売れそうか判断してください。

>> Yahoo!ショッピングで2号店はおすすめしない

　Yahoo!ショッピングで売れてきたから、もう1店舗を出せばさらに売れるのでは？と考える方もいるかもしれませんが、基本的にはおすすめしません。Yahoo!ショッピングでは売れている商品ほど評価が高くなり、さらに売れていくしくみです。同じ商品を別の店舗で販売すると売上が分散してしまい、かえって売上が落ちるおそれがあります。

　ただし、すでに売っている商材とジャンルが違うし、お客様が両方の商材を一緒に購入することもない、全く別の商材を扱う場合は2号店を出すと効果的です。その場合は、専門店であるとわかるように、店舗名やデザインも変えておきましょう。

定期的に情報収集と情報交換をおこない、長期的なビジョンを考える

　EC業界は変化が激しく、先月まで有効だった施策が急に効果がなくなったりします。Yahoo!ショッピングでも、2022年10月にPayPayモールとYahoo!ショッピングが統合したり、大きな効果のあった日曜日キャンペーンがなくなるなど、ガラッと状況が変わる変化がありました。こうした変化に対応できるように、定期的に情報収集をおこなう時間も持つようにしましょう。そして、変化に対してどのように対応するか、自分で考えたり、ほかのネットショップなどと情報交換することも重要です。情報交換できる仲間も増やしてみてください。

≫ Yahoo!ショッピングからのお知らせは必ずチェック

　Yahoo!ショッピングでは、イベントや機能の改善など重要な情報はストアクリエイターで告知されます。ここに出てくる情報は重要なものばかりなので、更新されていたら必ずチェックするようにしましょう。

ストアクリエイターのトピックス

トピックス	機能情報	販促情報	メンテナンス・障がい	その他		
22/07/14	機能情報				👍	👎
22/07/13	機能情報				👍	👎
22/07/13	機能情報				👍	👎
22/07/13	機能情報				👍	👎
22/07/13	サポート				👍	👎

8

❯❯ 担当がついている場合は、担当と情報交換する

　売上が大きい店舗の場合や、プロモーションパッケージのゴールド特典店舗になっている場合、あなたの店舗を担当する社員がつきます。Yahoo!ショッピングの情報を教えてくれるので、電話やメールなどで情報交換してみましょう。今後おこなわれるキャンペーンの予定や、Yahoo!ショッピング全体の状況など、店舗運営で重要な判断材料を教えてもらえます。

　担当も営業をしないといけないので広告を勧められることもありますが、自店舗の状況をふまえて判断してください。

❯❯ メディアやブログをチェックする

　ネット上でYahoo!ショッピングやECについて発信しているメディア、ブログは複数あります。その中でも、弊社で定期的にチェックしているのはこちらです。特に「Yahoo!ショッピング成功ノウハウ」は、Yahoo!ショピングに特化して具体的なテクニックを定期的に発信しているので、おすすめです。

◉ Yahoo!ショッピング成功ノウハウ

　Yahoo!ショッピングの子会社で、アイテムマッチなどを運用しているバリューコマースが運営しているメディアです。アイテムマッチの活用のしかたなど、実践的なテクニックが記載されています。

▶ **Yahoo!ショッピング成功ノウハウ BLOG**
　https://blog.bspace.jp/

◉ コマースデザイン

　中小ネットショップ専門のコンサルティング会社であるコマースデザイン株式会社のブログは、ネットショップ運営の戦略など、長期的な視座の記事が多く掲載されています。

▶ コマースデザイン

https://www.commerce-design.net/blog/

● ECzine（イーシージン）

株式会社翔泳社が運営する、ECに特化したメディアです。

▶ ECzine

https://eczine.jp/

● ネットショップ担当者フォーラム

株式会社インプレスが運営する、ECに特化したメディアです。

▶ ネットショップ担当者フォーラム

https://netshop.impress.co.jp/

● ALDO

弊社でも、Yahoo!ショッピングについて定期的に情報発信をしています。

▶ ALDO - Yahoo!ショッピングお役立ちブログ

https://www.aldo-system.jp/blog/

≫ ネットショップを運営する仲間を見つける

　ネットショップ運営は外に出ずにできる業務が中心のため、人との交流が少なくなってしまいがちです。しかしほかのネットショップ運営者と情報交換することで、自分では気づけなかったことに気づけることもありますし、切磋琢磨の機会になります。ネットショップ運営者と交流するには、TwitterやFacebookなどSNSで情報発信をしながら交流してもいいですし、地域によってはネットショップ運営者向けの団体があるので、探してみてください。

　以下に記載した団体は、毎月定例会をおこなっている団体です。

◎ イーコマース事業協会 (ebs)

関西地方を中心に活動している団体です。

▶ イーコマース事業協会

https://www.ebs-net.or.jp/

◎ 東海イービジネス研究会 (TEK)

東海地方を中心に活動している団体です。

▶ 東海イービジネス研究会

http://www.tokai-e.jp/

≫ 情報を整理して考える時間を作る

　ネットショップ運営は日々の業務が忙しいので、どうしても目先の業務に追われて長期的なことを考えられなくなります。そのため、せっかく情報収集をしたり、情報交換をして効果的な施策を聞いても、考えたり試すことがないままに終わりがちです。

　集めた情報を自店舗にどのように適応したらよいか、しっかり考えることは長期的に発展するために最も大事なことです。毎週、あらかじめスケジュールを確保してほかの予定を入れないなど、考える時間を持つようにしましょう。

おわりに

　最後までお読みいただき、ありがとうございました。

　EC業界は変化の多い業界です、とこの本でも書きましたが、書いている最中にも、Yahoo!ショッピングでは大きな変更がいくつもありました。当初は「PayPayモール対応」として、PayPayモールでの売り方なども書いていたのに、PayPayモールがなくなるとは想像もしていませんでした。さらに新プラン「プロモーションパッケージ」の発表など、書き終わった原稿の内容を大きく変える必要がありましたが、今後もYahoo!ショッピングの攻略ガイドとして対応できる本になったと思っています。

　私は2008年に独立してから、多数のネットショップのお手伝いをしてきましたが、Yahoo!ショッピングほど変化の大きいモールはないと感じています。変化が大きい分、どのようにしたらよいか情報収集して、分析をおこない、対応をおこなっていくことが重要になります。この本を書くうえでも多数の方に助けていただきましたが、情報交換できる仲間がいることで、変化に対応できるようになります。

　この本を読んだ皆様のネットショップ人生が長期的に伸び続けるように、祈念しております。

2022年10月 佐藤英介

著者プロフィール

佐藤英介 (さとう えいすけ)

株式会社アルド代表取締役。Yahoo!ショッピングを専門におこなっているネットショップコンサルタント。1977年アトランタ生まれ、小学校時代はシンガポール育ち。
2008年まで楽天株式会社に在籍し、在職中は新機能開発の要件定義などシステム支援に従事。
2008年に独立後、ネットショップ向けのシステム開発業務を開始。楽天、Yahoo!ショッピング、Amazon、自社サイトなどさまざまなモールへの商品登録システムの開発・販売を通じて、各モールの仕様や売上の上げ方について研究。
その中でも市場を急拡大させていたYahoo!ショッピングにリソースを集中させるために、2018年に株式会社アルドを設立。毎年各地のEC団体でYahoo!ショッピング対策についてのセミナー講師を務めている。

【株式会社アルド　HP】https://www.aldo-system.jp/

カバーデザイン	斉藤よしのぶ
本文デザイン／DTP	株式会社マップス　石田昌治
企画協力	竹内謙礼
企画	傳智之
編集	向井浩太郎

Yahoo!ショッピング完全攻略ガイド
ヤ フ ー　　　　　　　　　　　　　　かんぜんこうりゃく
～すぐに試せて伸び続けるネットショップ運営術～
ため　の　つづ　　　　　　　　　　　　　うんえいじゅつ

2023年1月21日　初版　第1刷発行
2023年2月18日　初版　第2刷発行

著　者	佐藤 英介
発行者	片岡 巌
発行所	株式会社技術評論社
	東京都新宿区市谷左内町21-13
	電話　03-3513-6150　販売促進部
	03-3513-6166　書籍編集部
印刷・製本	日経印刷株式会社

定価はカバーに表示してあります。

ISBN978-4-297-13222-4 C3055
Printed in Japan

■お問い合わせについて

本書の内容に関するご質問につきましては、下記の宛先までFAXまたは書面にてお送りいただくか、弊社ホームページの該当書籍のコーナーからお願いいたします。お電話によるご質問、および本書に記載されている内容以外のご質問には、一切お答えできません。あからじめご了承ください。
また、ご質問の際には、「書籍名」と「該当ページ番号」、「お名前とご連絡先」を明記してください。

▶宛先
〒162-0846
東京都新宿区市谷左内町21-13
株式会社技術評論社　書籍編集部
「Yahoo!ショッピング完全攻略ガイド」係
FAX：03-3513-6183

▶技術評論社Webサイト
https://book.gihyo.jp

お送りいただきましたご質問には、できる限り迅速にお答えをするように努力しておりますが、ご質問の内容によっては、お答えするまでにお時間をいただくこともございます。回答の期日をご指定いただいても、ご希望にお答えできかねる場合もありますので、あらかじめご了承ください。
なお、ご質問の際に記載いただいた個人情報は質問の返答以外の目的には使用いたしません。また、質問の返答後は速やかに破棄いたします。